问题搜寻法

问题搜寻法　建筑策划指导手册

（原著第五版）

Problem Seeking：An Architectural Programming Primer

［美］威廉·M. 佩纳（William M. Peña）
史蒂文·A. 帕歇尔（Steven A. Parshall）著
屈张　黄也桐　译

中国建筑工业出版社

著作权合同登记图字：01-2019-3364号
图书在版编目（CIP）数据

问题搜寻法　建筑策划指导手册（原著第五版）/（美）威廉·M. 佩纳（William M. Peña），（美）史蒂文·A. 帕歇尔（Steven A. Parshall）著；屈张，黄也桐译. -- 北京：中国建筑工业出版社，2022.9

书名原文：Problem Seeking: An Architectural Programming Primer

ISBN 978-7-112-27849-7

Ⅰ. ①问… Ⅱ. ①威… ②史… ③屈… ④黄… Ⅲ. ①建筑设计—手册 Ⅳ. ①TU2-62

中国版本图书馆CIP数据核字（2022）第161619号

Problem Seeking: An Architectural Programming Primer, written by William M. Peña, Steven A.Parshall, 9781118084144

责任编辑：费海玲　率琦　董苏华
文字编辑：汪箫仪
版式设计：锋尚设计
责任校对：张惠雯

问题搜寻法　建筑策划指导手册（原著第五版）

Problem Seeking: An Architectural Programming Primer

［美］威廉·M. 佩纳（William M. Peña）
史蒂文·A. 帕歇尔（Steven A. Parshall）著
屈张　黄也桐　译

*
中国建筑工业出版社出版、发行（北京海淀三里河路9号）
各地新华书店、建筑书店经销
北京锋尚制版有限公司制版
北京中科印刷有限公司印刷
*
开本：889毫米×1194毫米　1/20　印张：12　字数：318千字
2022年11月第一版　2022年11月第一次印刷
定价：**48.00**元
ISBN 978-7-112-27849-7
（39765）

序

本书是为业主、建筑师和学生编写的《问题搜寻法　建筑策划指导手册》第五版。书中所介绍的广泛的原则和技术经过了50多年的建筑实践的发展和积累。威廉·M. 佩纳于1969年撰写了该书的第一版，1973年美国注册建筑师委员会将其作为专业考试中设计前期科目的理论基础。

1994年，HOK公司收购了CRSS建筑事务所，该事务所由原来的CRS中心发展而来。本书中许多原则和技术都是由CRS的创始人之一，美国建筑师协会的金奖得主比尔·考迪尔提出的。HOK公司的建筑实践是基于与CRS相同的原则——两家公司都把设计看作解决问题。

威廉·M. 佩纳（我们亲切地称他为威利）在其职业生涯中一直致力于定义、发展和开拓建筑策划理论。他是无数专业人士的引领者、老师和导师，这些人沿着他的道路成为建筑问题分析方面的专家。

最后，“问题搜寻”不是某一个人的产品，曾在CRS中心工作过，现在在HOK公司的许多专家都做出了理论和实践层面的贡献。协助威利出版该书几位合著者包括：约翰·福克，美国注册建筑师（本书第一版和第二版）；威廉·考迪尔，美国注册建筑师（第二版）；凯文·凯利，美国注册建筑师（第三版）；斯蒂文·帕莎，美国注册建筑师（第三、第四和第五版）。

尽管本书的每一版都融入了新的思考和技术，但书中第一部分“入门”所概述的原则仍然经受住了时间的考验。展望未来，随着建筑行业应用建筑信息模型（BIM）来满足业主越来越多对于可持续性和一体化设计方案的期望，建筑策划者作为分析师和信息管理员的角色将变得越来越重要。

HOK公司引以为豪的，是延续了与业主一同参与、协作建筑策划的传统，将其作为设计过程的第一步。

比尔·赫尔穆特

HOK公司总裁

中文版序

我与威廉·M.佩纳教授和史蒂文·A.帕歇尔先生相识于2007年，当时在美国德州农工大学举办了首次建筑策划圆桌论坛，建筑策划领域的各国学者们讨论了建筑策划与使用后评估中的很多重要议题，这也为后续的国际学术交流奠定了良好的基础。

《问题搜寻法　建筑策划指导手册（原著第五版）》一书是佩纳教授留下的宝贵财富，这本著作第一次完整和系统地描述了建筑策划的程序，标志着建筑策划学的诞生，该书修订五版，也被翻译成多国语言广泛传播。

当前，建筑策划与使用后评估已经作为建筑学中建筑设计及其理论二级学科范围内最重要的理论生长点之一。问题搜寻法不仅为建筑师提供了一种进行设计前期分析的格式和方法，更是引导一种科学的设计思维方法，对于如何科学地对建筑设计的依据进行决策起到重要指导作用。

很高兴看到屈张和黄也桐两位青年学者能翻译出版这本书。未来，希望有更多的专家学者参与到建筑策划研究中，探索适合中国的建筑策划操作模式和教学模式，进一步发展建筑策划的科学理论与方法。

庄惟敏
中国工程院院士
清华大学建筑学院教授
中国建筑学会建筑策划与后评估专业委员会主任委员

前言

本书是《问题搜寻法　建筑策划指导手册》的第五版。1969年的第一版是基于之前20年对建筑策划的研究和实践。其他版本在往后40年里陆续出版，尽管基本理论保持不变，但仍然反映着通信技术的变革和应用范围的扩大。因此，第五版积累了前60年实践建筑策划理论的专业经验——表明经过实践检验的理论是行之有效的。

本书由两部分组成。第一部分是关于建筑策划的入门知识，目的是帮助读者了解一种建筑策划方法，不论你是建筑师、学生还是着手建设项目的业主。第二部分不仅解释了如何应用该方法，还集合了定义、案例、考虑因素、活动和技术，这些都是第一部分中阐述的原则的扩展。

第五版有哪些新内容？

2001年出版的本书第四版，主要读者是建筑从业人员，其次是将本书作为教科书的大学生。

第五版中，我们简化了第一部分：入门。在第二部分中，关于方法，我们吸纳了自第四版以来专业领域出现的新研究。这一部分讨论了在设计过程中考虑可持续性时，建筑策划所起的作用，并解释了新技术如何实现项目交付、团队沟通和信息管理。

尽管问题搜寻®过程作为一种强大的问题分析方法，经受住了时间的考验，但建筑实践的内容和技术在过去10年中已经发生了变化。

今天，可持续性已经成为全世界建筑项目的主要考虑因素。1998年，美国绿色建筑委员会（USGBC）建立了能源与环境设计先锋奖（LEED）标准和绿色建筑评级系统。

除了内容上的更新，可持续性的实践项目鼓励一体化设计方法，在建筑的设计、施工和运营中，所有利益相关者都有高度参与。1971年，比尔·考迪尔（Bill Caudill）在《团队建筑》一书中首次介绍了这种合作方式。这些关于团队中使用者、有效的合作行为和参与过程的原则也被纳入问题搜寻®中。美国绿色建筑委员会鼓励在项目开始时组织一次工作会议，在会议期间，主要的利益相关者明确项目目标并确定设计和施工中要达到的可持续性水平。同样，这些设计前期涉及可持续性的做法也被纳入问题寻求中列出的策划过程中。

建筑行业中两个由技术促成的新兴趋势包括建筑信息模型（BIM）和集成项目交付（IPD）。

建筑信息模型（BIM）是在设计过程中生成和管理建筑数据的过程，包括需求策划。通常，它使用三维、实时、参数化的建模软件来提高建筑设计和施工的生产力。该过程生成建筑信息模型，包括建筑几何、空间关系、地理信息以及建筑构件的数量和属性。搭建建筑信息模型的第一步便是捕捉设计过程中每个阶段的需求策划。

集成项目交付（IPD）是一种项目交付方法，它将人员、系统、业务结构和实践整合到一个流程中，协同利用利益相关者的专业技术和知识来优化项目结果，为业主增值，减少浪费，并在项目交付的各个阶段实现效率最大化。

第五版解释了如何拓展策划师的角色，使其涵盖建筑全生命周期的需求策划。这涉及策划师信息管理角色的扩展。信息管理一直是信息索引、信息组织、分步过程、数据堵塞，以及信息处理和丢弃的基础。尽管本书第一部分中提到的原则是建筑策划过程的基础，但当今策划师使用的技术和工具能利用最新的数字技术和软件来抓取和管理信息。

新技术不仅提高了策划师管理信息的能力，而且使项目组之间出现新的互动和合作形式。先进的合作技术被证明是对传统驻场方式的一种可行替代。如今，策划师可以在不离开工作地点的情况下，与位于世界各地的业主和项目团队成员进行虚拟驻场。

威廉·M. 佩纳[1]，美国建筑师协会资深会员

CRS公司合伙人

史蒂文·A. 帕歇尔，美国建筑师协会资深会员

HOK公司高级副总裁

1　译者注：Peña的姓氏可按发音译作“佩尼亚”，本书按照国内学界常用的叫法译为“佩纳”。

致谢

HOK公司团队

编辑：梅琳达·帕莎

项目经理：劳伦·吉布斯

特别贡献：埃里克·安德森、罗宾·埃勒索普、威廉·赫尔穆特、弗兰克·库蒂莱克、埃伯哈德·莱普尔

绘图及摄影：杰拉德·卡洛、HOK公司视觉传达部门

封面：杰伊·达肯、HOK公司视觉传达部门

我们感谢那些过去和现在为本书做出贡献的建筑策划者们——虽然贡献程度有所不同，但所有人都做出了比他们认为的更大的贡献。

目录

第二部分
如何使用方法

第一部分

问题搜寻法

建筑策划指导手册

概述 Overview

入门 The Primer

好的建筑不会凭空出现。人们希望建筑好看并且性能优异。但只有当好的建筑师和好的业主一起合作努力并认真思考时，好的建筑才会实现。对建筑项目的需求进行策划是建筑师的首要任务，通常也是最重要的任务。

有几个适用于建筑策划的基本原则——无论是复杂的医院还是简单的小住宅。本书将关注这些原则。

建筑策划涉及五个步骤：

1 **建立目标**（Establish Goals）。

2 **收集和分析事实**（Collect and Analyze Facts）。

3 **生成和检验概念**（Uncover and Test Concepts）。

4 **确定需求**（Determine Needs）。

5 **陈述问题**（State the Problem）。

这种方法既简单又全面——它足够简单，该步骤可以在不同类型的建筑上重复，也足够全面，可以覆盖影响建筑设计的宽泛要素。

五步法可以应用于大多数行业——如银行业、工程或教育行业等，但当其应用在建筑领域时，它有着相应的内容，即建筑产品：一个房间、一栋楼或者一座城镇。五步法的原则是，如果在设计中能同时考虑四个要素，那么产品成功的机会就大得多。

这些要素（或者设计决定因素）表明了明确一个全面的建筑问题所需要的信息类型：

功能 Function	形式 Form	经济 Economy	时间 Time

因此，建筑策划包含有序的调研方法——五步法与四要素的交织。

搜寻 The Search

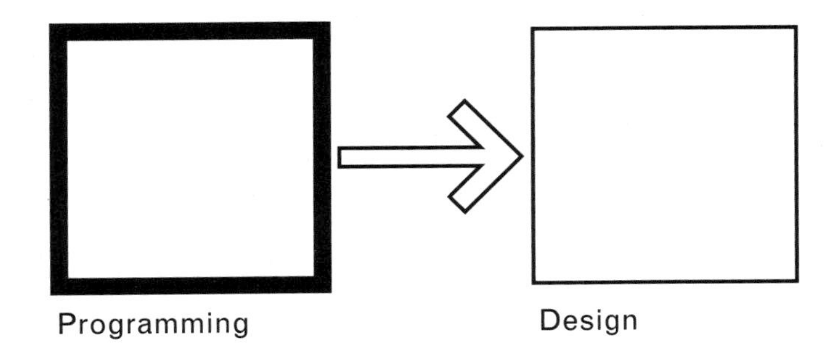

建筑策划是一个过程。怎样的过程呢？韦伯斯特大词典给出了具体解释：“一个旨在陈述建筑问题，并为解决方案提出需求条件的过程。”

从该定义衍生出五步法这一基础过程。用“基础”这个词是经过斟酌的。自从六十年前建筑策划理论系统性地提出以来，产生了多角度的深入研究。但本书所阐述的程序仍是这些研究的基础。

回到定义上来：

注意“陈述建筑问题”意味着接下来要解决问题。虽然解决问题通常要借助科学性方法，但它也需要创造性工作。科学研究中有许多不同的问题解决法，但只有一些强调了目标和概念（结果与方式）的方法可以应用到建筑设计问题中。

几乎所有的问题解决法都包含了一个明确问题的步骤，即陈述问题。但是大多数方法都会引导相悖的方向——在寻找问题的同时，试图解决问题。除非先弄清楚问题是什么，否则不可能解决问题。

那么，建筑策划背后的主要思想是什么呢？是通过搜寻充分信息来明晰、理解和陈述问题。

如果建筑策划是搜寻问题，那么建筑设计是解决问题。

这是两个不同的过程，需要不同的态度，甚至不同的能力。问题解决法是一种有效的设计方法，但设计方案必须能够回应业主的设计问题。只有在全面搜寻过相关信息后，才能明确业主的设计问题。“搜寻，然后明确”。

策划者和设计师 Programmers and Designers

谁来做什么？由设计师来做策划吗？他们可以，但需要的是训练有素的建筑师。他们能在正确的时间提出正确的问题，可以区分想要的和必须要的，并且有能力解决问题。策划者必须是客观的（在某种程度上），具有分析能力，能够轻松地将想法抽象，能够评估信息并且发现重要因素，搁置无关的材料。设计师通常不会这样做。设计师通常是主观的，依靠直觉和对实体概念的理解。

策划者和设计师的资历是不同的。策划者和设计师是不同类型的专家，因为每个问题都非常复杂，需要两种不同的思维能力：一种用来分析，另一种用来综合。

可能某个人既善于分析，又善于综合。如果是这样，他肯定是用两种思维不断切换。但是，为了分清工作，将由不同的人，即策划者和设计师分别代表两种能力。

图片由美国HOK公司提供

分析与综合 Analysis and Synthesis

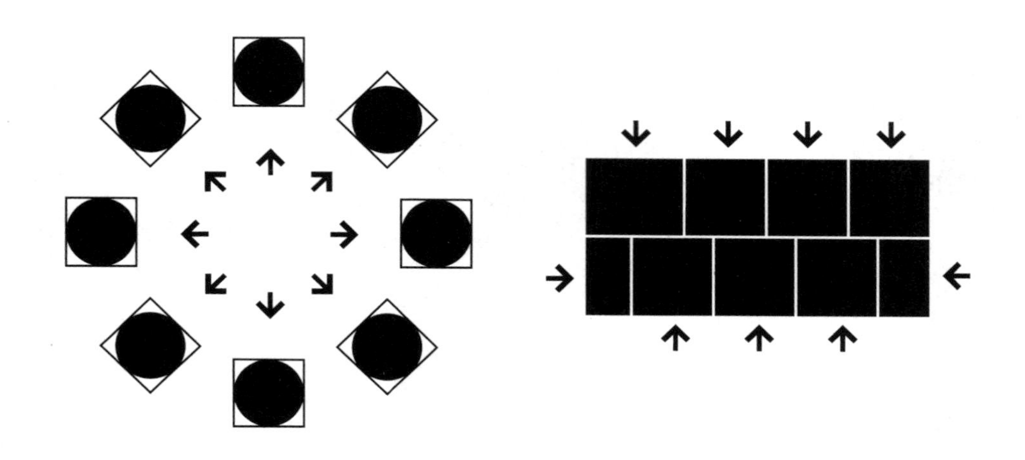

整个设计过程包括两个阶段：分析和综合。在分析阶段，分解和发现设计问题的各个部分。在综合阶段，将这些部分组合在一起形成连贯的设计方案。策划和设计的区别就是分析和综合的区别。

策划是分析，设计是综合。

您可能无法将设计过程理解为分析和综合，甚至会质疑问题搜寻是否算是一种方法。您也许认为设计过程是创造性工作。没错。但是创造性工作也包括类似的阶段：分析——准备或揭示；综合——启发或洞察。整个设计过程的确是一个创造性过程。

那么策划会抑制创新吗？当然不会。策划确立了设计要素、设计范围，以及设计问题的可能性（为避免主观，我们更喜欢用“要素”而不是“限制”）。当问题的范围明确了，创造力会蓬勃产生。

有时，我以为我们在搞清楚问题前就已经找到了解决方案。没有逻辑和分析，我们说：“我接下来的设计是‘全面的’！”

——威廉·M. 佩纳

区分 The Separation

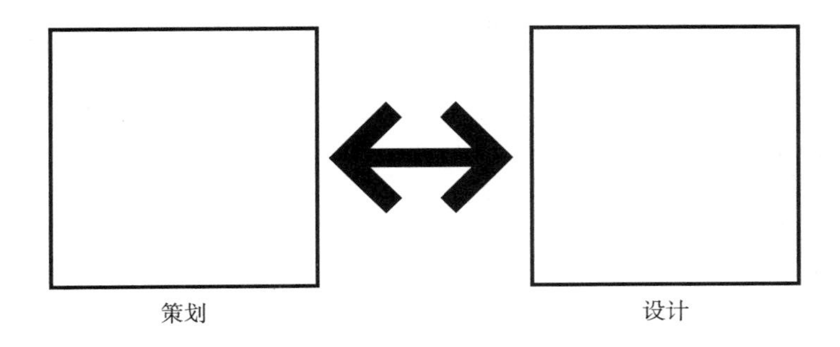

策划先于设计，如同分析先于综合。两者的区分非常重要，可以减少设计中的试错过程。这种区分也是理性理解建筑过程的关键，以实现优秀的建筑并获得业主的认可。

本书中介绍的问题搜寻法**需要明确地区分策划工作与设计工作**。

大多数设计师喜欢画图。过去他们称之为“缩略草图”，今天的行话叫做“概念草图”和“概念方案”。不管它叫做什么，如果在错误的时间——无论是在策划之前还是策划进行中——它都会严重影响建筑项目的成功。在整个问题被明确之前，提出方案是片面和不成熟的。如果设计师不等完整的、准备就绪的策划书就开始工作，等于裁缝没有去测量顾客就开始裁衣。

在获得所有信息之前，有经验、有创造力的设计师不会进行预判，避免产生先入为主的解决方案，也不会进入综合阶段。在了解业主的问题之前，他们不会开始画草图。他们相信在综合之前需要进行全面分析，因为他们知道，好的设计前提是策划——虽然策划并不一定可以保证好的设计。

柯莉塔·肯特（Corita Kent），艺术家、教育家，写道：“规则八：不要试图同时进行创造和分析，这是两个不同的过程。”

——《今天你需要一本规则》（*Today You Need a Rule Book*，1973）

接口 The Interface

建筑策划的成果是对问题的陈述。陈述问题是搜寻问题（策划）五步法中的最后一步，也是解决问题（设计）的第一步。**因此，问题陈述是策划与设计之间的接口。**它就像接力棒，由策划者传递给设计师。无论如何，问题陈述都是整个项目实施中最重要的文件之一。本书中建筑策划方法需要你切实地写出问题陈述。因为问题陈述是设计的第一步，也是策划的最后一步，所以必须由设计师和策划者共同完成撰写。

过程 Process

五步法 Five Steps

1　　2　　3　　4　　5

有能力的策划者始终牢记策划的步骤：（1）建立目标；（2）收集和分析事实；（3）生成和检验概念；（4）确定需求；（5）陈述问题。前三个步骤主要是收集相关信息，第四步是检验可行性，最后一步是提炼所得成果。

有趣的是，定性内容和定量内容在这些步骤交替出现。目标、概念和问题陈述基本上是定性的。事实和需求基本上是定量的。

策划基于访谈和工作会议内容的结合。访谈用于提出问题和收集数据，特别是前三个步骤。工作会议主要为了核实信息和推动业主决策——特别是在第四步工作中。

简而言之，五步法提出了这些问题：

1. **目标**：业主想要实现什么？为什么？
2. **事实**：我们知道什么？业主提供了什么？
3. **概念**：业主想要如何实现目标？
4. **需求**：需要多少钱和空间？什么样的品质？
5. **问题**：影响建筑设计的重要条件是什么？设计应遵循的大方向是什么？

步骤 Procedure

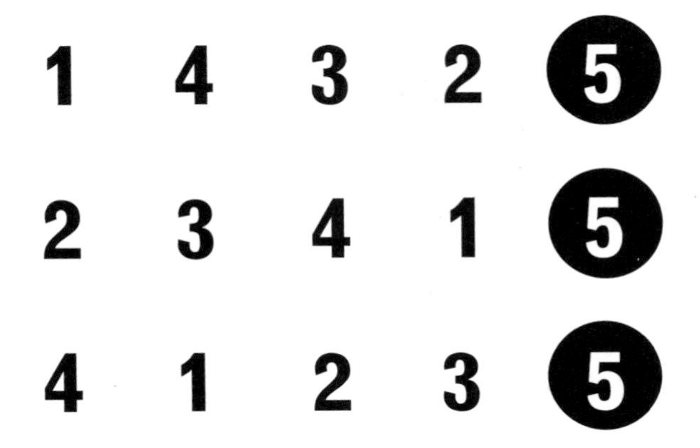

这五个步骤并不严格固定。它们通常没有连贯顺序，这些信息也不是绝对精确的。例如，10000名学生的大学、300张床位的医院，或25名学生的教室，只是虚指而不是实际规模。信息来源并不总是可靠的，预测能力也是有限的。

所以五步法和其中的信息不会像数学问题那样严密或精确。策划是一种启发式的过程，而不是运算法则。因此，即使是好的策划也不能保证找出准确的问题，但是可以减少凭空猜测的工作量。这种方法就像是人们在参与判断。

按照数字顺序进行五步法是比较合适的。从理论上讲，这也是逻辑顺序。但是，在实际操作中，**这些步骤可能按不同顺序进行，或者同时进行**——除了最后一步。例如，在进行“目标”“事实”和“概念”的问询之前（第一、第二、第三步），经常需要先从面积表和预选（第四步）开始。通常而言，有必要同时进行前四个步骤，并对其进行交叉检查，以确保信息的完整性、有效性、相关性和一致性。

只有在对先前的信息进行编组、提炼、抽象，并了解问题本质之后，才能开始第五步的工作。

设计要素 Considerations

整体问题 The Whole Problem

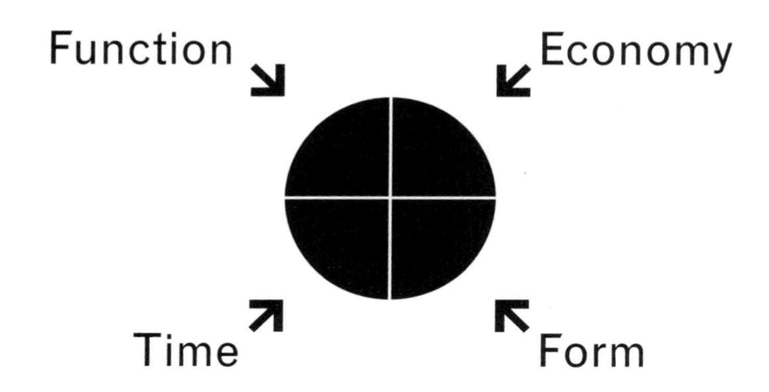

搜寻并发现整体问题非常重要。要做到这一点，必须从**功能**、**形式**、**经济和时间**四个方面确定问题。对信息进行分类可以简化问题，同时保持全面性。各种各样的因素构成了整个问题，但它们都可以归入上述四个方面，作为设计要素。

信息太少会导致片面的问题陈述，进而导致不成熟和片面的设计方案。适量的信息应该控制在与设计的整体问题相关，而不是普适性的问题。正如西班牙谚语所说："抓得太多的人，挤出的很少。"只需抓住你能解决的，以及对设计师有用的信息。

就像教授会说："在你回答问题之前，一定要先看看整个试卷。"设计师应该在着手解决任何一部分问题之前，先看看整体问题。一个对于整体问题都没有了解清楚的设计师，如何能够提出全面的解决方案？

四要素 Four Considerations

功能	1 人 2 活动 3 关系
形式	4 场地 5 环境 6 品质
经济	7 初步概算 8 运营成本 9 全生命周期成本
时间	10 过去 11 现在 12 未来

仔细研究功能、形式、经济和时间。**每项设计要素有三个关键词：**

功能 意味着“在建筑物中会发生什么”。它涉及活动、空间关系和人——他们的数量和特征。关键词是：（1）人；（2）活动；（3）关系。

形式 涉及场地、物理环境（包括心理环境）、空间和建筑的品质。形式是你看到和感受到的。它是“现在是什么”和“将来会是什么”。关键词是：（4）网站；（5）环境；（6）品质。

经济 涉及初步概算和建造质量，也可能包括考虑运营和全生命周期成本。关键词是：（7）初步概算；（8）运营成本；（9）全生命周期成本。

时间 可分为三类——过去、现在和未来。它们涉及历史的影响、现在发生变化的必然性，以及对未来的预测。关键词是：（10）过去；（11）现在；（12）未来。

框架 Framework

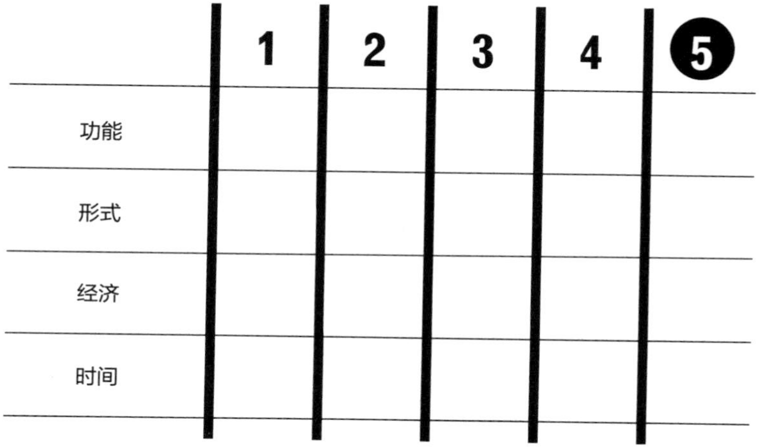

	1	2	3	4	5
功能					
形式					
经济					
时间					

在建筑策划过程中，使用四要素来引导你完成每个步骤。通过在问题搜寻法的步骤与要素、过程与内容之间建立起系统性的关系，确保得到一个较全面的方法。将步骤与要素结合在一起，形成可以涵盖整体问题的信息框架。

四要素与每一步骤产生互动。例如，在第一步中，在调查目标时，应当考虑功能目标，形式目标，经济目标和时间目标。由于这些设计要素中的每一个项都有三个子项，因此对于目标这一项就包括12个相关问题的问询。由于前三个步骤是收集信息的主要环节，因此有3乘以12共36个相关问题。

这些问题是核心问题。它们的答案还会引出进一步的问题。下一页的信息索引将指出三个步骤的90余项内容。

策划者不需要了解业主所知道的每一件事，但他们应该充分了解客户的愿望、需求、条件、想法等影响建筑设计的要素。因此，策划者必须提出正确的问题，他们应该从36个子项问题开始。

设计要素和第四步相互作用，以检验项目的经济可行性。然后在第五步相互作用，对整体问题进行陈述。

这种交互提供了一个将信息分类和记录的框架。这个分类框架对于处理大量信息和防止信息堆积特别有效。在策划时，这些分类足够涵盖到所有的信息，不会造成模棱两可或犹豫不决。

这个框架也可以作为缺失信息的检查表。为此，在墙上有序展示这些信息是一种直观的形式。只需要看一眼墙上展示的图像分析卡片，就能发现缺失的、需要记录的信息。这也提供了团队成员沟通的一种形式。

信息 Information

信息索引 Information Index

框架可以扩展成为信息索引表——**一个用来找出合适信息的关键词矩阵**。这些关键词应该具体到足以涵盖主要设计因素，并且普遍适用于不同的建筑类型。即使某些关键词好像不适用于特定的项目，但也可以检验它们——根据这些关键词提出问题。如果经检验证明它们适用，那么这些关键词有助于信息的全面收集。它们可以帮助你更好、更快地了解项目。

大多数关键词都是"启发性词汇"，它们会启发有用的信息。这些词充满感情和意义，有助于引起回应，甚至提出可能的替代词。

信息索引可以设计得非常具体，只适合于某一类型的建筑，但与所有清单一样，它很快就会过时。通用性特征可以延长它的使用期限。

需要注意的是，信息索引确定了有关目标、事实和概念信息的相互关系。例如，功能目标中的"效率"与"足够的空间"相关，并通过有效的"关系"实现——通过横向阅读信息索引表。还需要注意，"需求"和"问题"下的条目较少，因为第四步是检验可行性，而最后一步是提炼项目的本质。

以下图表改编自《注册建筑师手册：执业资格考试指南》(*the Architectural Registration Handbook: A Test Guide for Professional Exam Candidates*)，由美国国家建筑注册委员会(NCARB)和《建筑实录》(*Architectural Record*)杂志于1973年共同出版。

信息索引表

	目标	事实	概念	需要	问题
功能 人 活动 关系	任务 最大人数 个体特征 互动/私密 价值等级 主要活动 安全 发展 分隔 相遇 交通/停车 效率 优先级关系	统计数据 面积参数 人数预测 用户特征 社区特征 组织结构 潜在问题的价值 时间—运动研究 交通分析 行为模式 空间余量 类型/密度 实体限制条件	服务分组 人员分组 活动分组 优先级 层级 安保 连续的流线 不连续的流线 混合的流线 功能关系 交流	面积需求 由机构决定 由空间类型决定 由时间决定 由位置决定 停车需求 户外空间需求 功能转换	影响建筑设计的独特和重要性能要求
形式 场地 环境 质量	对场地因素的偏好 环境回应 有效的土地利用 社区关系 社区和生态系统提升 人体舒适性 生命安全 社会和心理环境 个体 解决方案 项目意象 客户期望 可持续性	场地分析 土壤分析 容积率和总容量 气候分析 法规研究 周边环境 心理暗示 参考点/切入点 每平方米费用 建筑或布局的效率 设备费用 每个单元的面积 可持续性分析	增强 特殊基础 密度 环境控制 安全 邻里 办公理念：公司办公和居家办公 定位 可达性 特性 质量控制 节约/再利用/可再生	场地开发成本 环境因素影响成本 每平方米建筑成本 建筑总体效率因素 建筑系统设计准则 绿色建筑评分	影响建筑设计的主要形式和可持续性要素
经济 初始预算 运行成本 生命周期成本	资金的范围 投资效率 最大回报 投资回报 运行费用最小化 维修和运行支出 减少全寿命周期成本	成本参数 最高预算 实践—使用因素 市场分析 能源消耗 活动和气候因素 经济数据	成本控制 高效分配 多功能性/多样性 销售 能源节约 降低成本	预算分析 预算平衡 现金流分析 能源预算 运行费用 生命周期成本	对于初始预算及其对建筑物材质和外观影响的态度
时间 历史 现在 未来	历史建筑保护 静态/动态活动 变化 生长 使用数据 可用资金	重要性 空间参数 活动 预测 增加的因素	适应性 宽容度 可变性 可扩展性 线性/并发的计划 分阶段	增加 时间进度表 时间/成本进度表	变化和生长对长期性能的影响

整理信息 Organizing Information

1 2 3 4 5

功能

形式

经济

时间

策划者建立秩序以便人们理解信息，以及在讨论和决策时有效地使用信息。**策划者对信息进行整理和分类**。他们提取信息并展示，推动业主做出决策。策划者通过理性的框架整理业主海量的信息。如果没有这个框架，不可能得到业主认可的信息并与设计师交接。

有了这个框架，策划者可以对信息进行分类，并将其放置在合适的格子里。由于信息搜索主要是在前三个步骤进行，因此，预计在这些部分可以找到大部分的信息。参阅附图。请注意，在第四步中，空间要求以及其经济可行性的信息在减少。当然，第五步问题陈述的信息最少，也最重要。

交接的内容——即策划书，包含清楚简明的问题陈述——必须是整理编辑过的信息摘要，不含无关信息。

两阶段过程 Two-Phase Process

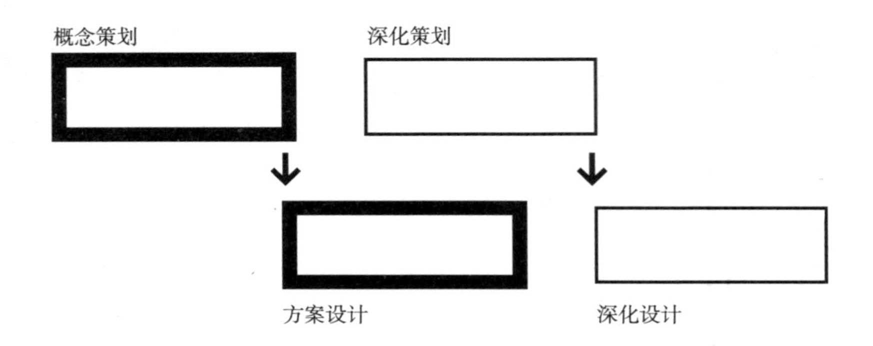

方案设计和深化设计（译者注：国内通常叫做初步设计）需要提供连续的策划信息。从概括的信息到细节的信息。

建筑策划是两阶段的过程，对应两阶段的设计——方案设计和深化设计。

方案设计取决于主要“概念”和“需求”信息。在这一阶段，应避免陷于大量无用的信息中。设计师必须通过这些信息来明晰设计的主要决定因素——这些因素将塑造建筑的大体组成。方案设计阶段的策划必须提供对其重要的总体信息。然而，同样重要的是剔除和搁置方案设计不需要的信息，只为设计师提供他们此时所需要的信息。

深化设计如文字所示，是对方案设计的详细深化。深化设计的策划需要提供具体的房间细节——家具和设备要求，环境标准（氛围、视觉和声学），以及服务需求（暖通和电气）等。当设计师在进行方案设计时，第二阶段的策划可能同时在进行中。

然而，应该指出的是，策划者在处理不熟悉的建筑类型和重要功能区域时，需要提早搜寻和收集详细信息，以便为方案设计创建充分而全面的空间需求。

我们需要为项目确立主要概念，那么随后的细节就不会淹没策划中切实的问题。

——比尔·考迪尔

数据堵塞 Data Clog

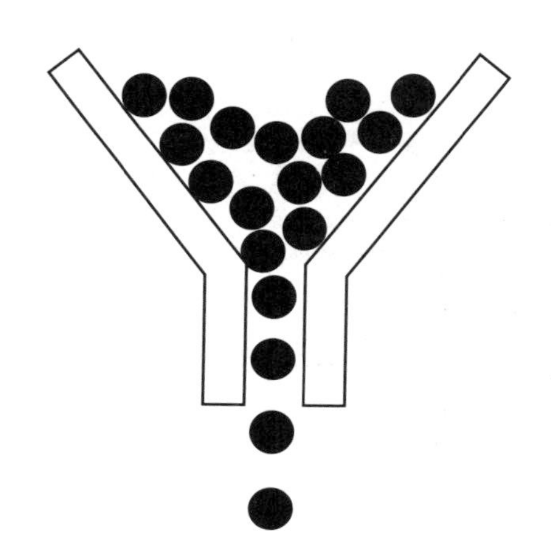

从业主那里得到的信息量可能是惊人的。不要被信息淹没。一个技巧是确定这些信息在何时最有用——在方案设计还是深化设计阶段。业主提供的任何数量的信息都可以在适当的阶段整理使用。策划者需要经验和良好的判断力，懂得在哪个阶段利用哪些信息——还需要更多的经验和判断力来剔除细枝末节的和无关的信息，以消除数据堵塞。

的确，过多的无组织信息会造成数据堵塞，使人困惑并影响得出明确的结论。数据阻塞使思维过程陷入瘫痪，并且阻碍对信息的进一步处理。当无法理解这些信息时，设计师可能会决定彻底忽视和放弃，并会说："别用这些东西来烦我。我知道我需要做什么——我只用我已经知道的信息。"

只要信息是相关的、有意义的、有条理的、能被有效利用，无论有多少都可以被理解和吸收。设计师在产生新的想法之前，需要大量整理好的信息材料来拓展可能性。

加工与舍弃
Processing and Discarding

建筑策划是将原始数据加工成有用信息的过程。例如，课程的选课人数并不是有用信息——除非通过平均班级人数、每周课程频率、用来排课的总时长以及教室使用率等条件，进行数学运算。只有当加工环节得出所需的教室数量和面积时，才算是原始数据变成有用信息。

同样，与气候分析或土壤分析相关的原始数据，只有明确了其对建筑的影响，才算是有用信息。在加工环节完成后，原始数据可以被舍弃，或者放入策划报告的附件中，这样就不会造成数据阻塞。

引用一句老话："笨人做加法，聪明人做减法。"聪明人会将与设计问题无关的信息，或者不足以影响设计的琐碎信息舍弃。虽然策划主要是有意识的分析，但直觉也不可缺少——**应该敏锐地察觉到哪些信息是有用的，哪些信息需要舍弃**。依靠经验将误弃有用信息的风险降到最低。

参与 Participation

团队中的使用者 User on Team

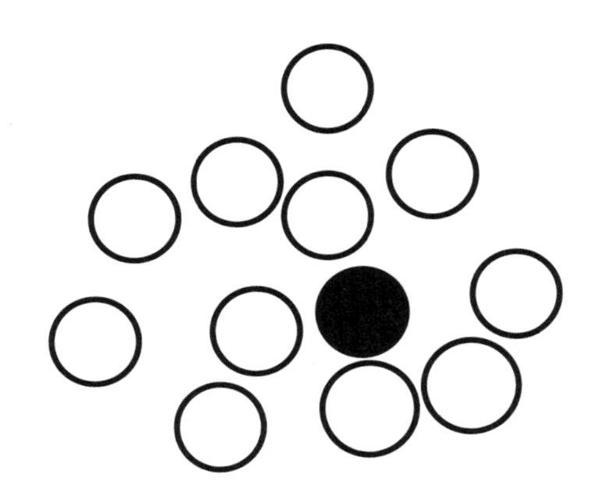

使用者是使用建筑的专家。他们认为自己比其他人更了解自己想要什么。他们也许是对的，或者，他们会要求设计师或顾问来找出他们所需要的。**使用者必须加入项目团队**。

与使用者打交道需要使用多种策略，以明确合理的需求。尽管如此，在策划过程中使用者的深度参与会使建筑项目受益良多。

一方面，使用者有时会怀疑建筑只是建筑师的自我表达。这涉及形式与功能的长久争论。另一方面，建筑师有时会怀疑使用者的需求太特殊，如果不进行大的改造，未来建筑将无法使用。

通常而言，建筑师喜欢按照使用者的详细需求做定制化的建筑设计，这也提供了设计创新的机会。定制化的住宅项目尤其如此，业主或使用者直接影响最终成果。

一些组织或机构存在不变或变化的条件，所以提出的需求一部分是特定的，一部分是可以商量的。但请记住，使用者首先关心的是入驻时他们的需求如何得到满足。

有效的团队行为
Effective Group Action

明白思维方式的不同可以使人更好地理解他人，以及他人在群体中的行为，理解他们独特的思维、观点和解决问题的独特方式——特别是他们作为团队成员在建筑策划的作用。如果你看到硬币的背面，会有清楚的体会。你不必喜欢所看到的，但在组织建筑策划过程时，请记住这些要点。

- **不能以中立的心态来调和不同的思维方式**。永远保持中立是没有用的。有时候直觉必须支配逻辑，有时候正好相反；有时候需要抽象思维，有时候需要具象思维；有时候科学性先于艺术性，有时候正好相反。
- **不同的思维方式是因为人们不同的生活背景和经验**。这也是为什么不同人混在一起会很有趣。团队行为往往产生出乎意料的结果，这一策划结果可能不符合某些人的预期——他们已经提前想好了建筑设计方案，但这违反规则。为了得到创新的结果，应该让团队行为决定他们自己的方向。
- **有效信息有时很难被发现**。当一群专业设计人员在一起时，他们的不同观点、不同态度和不同意见会使信息产生变化。
- **在团队出现分歧时，保持冷静**。请牢记建筑师团队和业主团队交流的意义。尝试在混乱中理解不同的思维。冷静的头脑可以容许混乱。请记住我们可以学会应对不同的思维方式——如何与不同想法的人合作。
- **达成共识很难，但不是不可能**。建筑策划问题搜寻法通过了解使用者的真实需求和愿望，最终使建筑方案与这些需求和愿望达成一致。当存在无法克服的分歧时，显然管理层必须介入，尽可能避免这种情况，使团队行为有机会做主。团队行为发挥作用有可能会带来意外之喜。

策划团队 Team

建筑策划需要团队的共同努力。**项目团队需要由两个小组领导负责**，一个代表业主，一个代表建筑师。他们必须共同努力使项目取得成功。每个小组领导需要做到：

- 协调本小组成员各自的工作。
- 做出决定，或者推进做出决定。
- 建立并保持组内和两组间的沟通。

项目团队必须有良好管理。

项目的策划有许多人参与。传统意义上，业主方参与者是产权所有者或管理方。然而越来越多的使用者和第三方（社区成员）开始积极参与到策划中。这意味着策划的方法应该足够合理，能够经受公众监督；同时应该有逻辑足够实现各方对问题的相互理解。

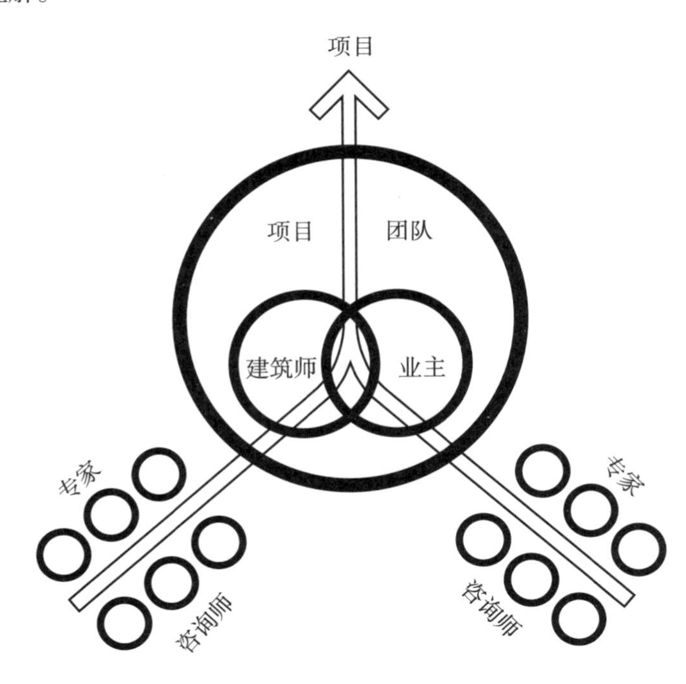

参与过程 Participatory Process

更多的业主或使用者参与会产生更多的数据。随着参与的增加也会产生更多的信息冲突。使用者关心他们的需求是否得到满足，业主关心降低和控制成本。只有使业主意识到其所忽视的人文价值才能解决矛盾。

团队参与者必须沟通并愿意彼此合作。拒绝某些自负的业主或建筑师控制团队，避免他们在策划和设计中独断专行。

业主对担负着策划项目创新的主要责任，因为他们将对策划操作结果负责。策划者则是创新想法的催化剂，他们检验新的想法并提出备选方案。

设计师在设计阶段必须具有创造性，因为他们将对设计的物理环境和心理环境负责。策划者必须防止业主在策划过程中过早做出设计决策，他们应该引导业主理解并期待更好的建筑作品。简而言之，策划者应该为设计师的创新提供最佳环境。

背景信息 Background Information

虽然五步法适用于任何建筑类型，但是有必要进行一个预备步骤。这取决于项目策划者的经验（或者没有经验）。例如，如果项目是一所学校，而策划者没有学校策划的经验，那么他应该首先了解学校的背景知识。策划者应该调研类似的学校，去图书馆查阅资料，与教育工作者和顾问会谈。他需要理解业主的术语，以及这种建筑类型的基本性质。

策划者在开始时要有善于分析的态度，采用有条理的方法。他们需要和具体建筑类型相关的背景知识和经验。如果没有，就需要进行预备步骤。

有了合适的背景信息，策划者帮助业主确定顾问的数量和类型，以及他们何时介入整个设计过程最有效。

决策 Decision Making

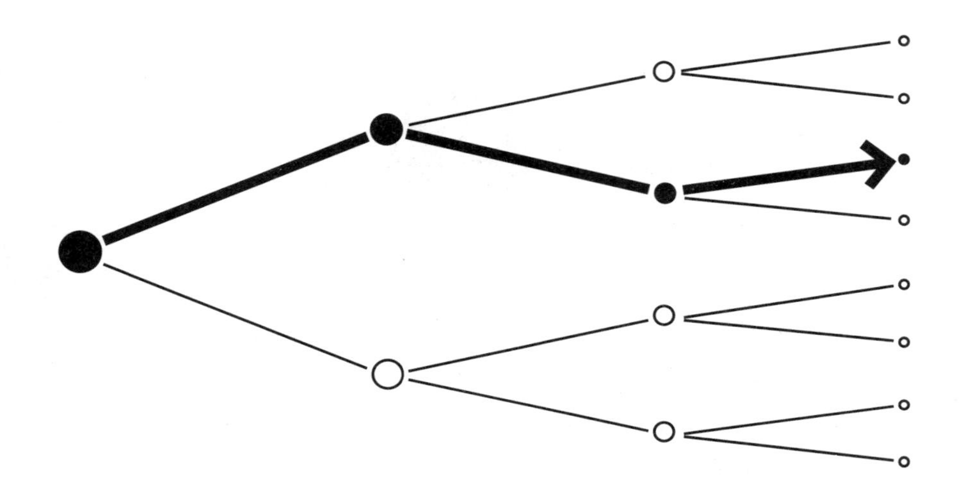

一个好的策划特征，是由业主而不是策划者做出及时而全面的决策。在策划中，业主决定要完成什么工作以及怎样完成。策划者需要对得失进行评估以推动决策，他们必须为业主确认哪些决策需要在设计之前做出。

虽然策划者不需要完全客观，但他们需要强调由业主做决策而不是策划者自己，而且他们的问题也不应基于预设的解决方案。他们可以通过提供备选方案和检验策划概念，来推动业主进行决策。例如，“需要考虑集中厨房，而不是分散布置几个厨房”。必须展示出目标和概念，这样决策者可以理解不同的概念，并评估它们对目标的影响。

策划者必须推动业主做决定，避免设计师开始工作后还得重新策划。如果业主的决定能带来一份好的问题陈述，即使设计返回策划的工作量很小，也不会对设计方案造成严重影响。

当业主迟迟不能决策时，设计方案往往很难进行。一方面，如果业主在看到设计方案之前无法决定花多少钱，那么不可避免地会返工，因为设计方案可能会超出可用资金。

在策划阶段做决策可以减少大量因设计变更产生的费用，如果每一项决策都有两个比选方案，那设计方案的数量会呈指数增长。所以，犹豫不决会增加设计问题的复杂性，这肯定是要避免的。另一方面，业主在策划阶段做出的每一个决策都将减少满足策划要求的比选方案数量，简化设计问题。有条理且有效的决策使要求清晰，减少设计比选方案。这是我们所希望的。

尽管策划强调业主决策的重要性，但需要认识到这一权力通常是业主委托给他人或机构行使。知道谁来真正做决定至关重要。主管领导？基金管理者？规划部门？一般来说，对最终结果负责的人有决策权，去与他交谈，然后坚持他批准的策划方案。

你问："您想要2间还是3间卧室？"如果客户无法做决定，那么你需要出2个设计方案。

"您想要2个还是3个浴室？"业主也没有决定，那么你需要出4个设计方案。

"您想要停2辆车还是3辆车的车库？"业主还没有决定，那么你需要出8个设计方案。

——威廉·M. 佩纳

交流 Communication

为了使一群人能够有效、清晰地沟通——包括专业人士、业主和使用者，收集的信息必须认真整理记录。业主和设计师不太可能考虑和评估未记录的信息。策划者需要收集、组织、展示信息，以供讨论、评估及达成共识。**团队合作需要交流**。

业主和设计师需要图表分析，来充分理解数字的重要性和思路的含义。这需要使用交流工具（棕色纸、分析卡片、游戏卡片等）来促进彻底理解，做出合理的决策。

流程图比文字描述更容易理解。使用简单的图表，每次只表达一个想法。图表要能详细阐明想法，同时也要足够概括和抽象，激发设计的多种可能性。这将有助于业主理解，也能发挥出设计师的图形思考和绘图技能。

图片由美国HOK公司提供

步骤 Steps

建立目标 Establish Goals

目标对设计师非常重要，他们想知道设计目标是什么、为什么，而不仅是一张面积表。他们不会从面积表中获得灵感。他们会从目标中获得。**策划项目的目标表明什么是业主想要的，以及为什么**。

然而，我们需要检验目标的完整性、实用性，以及与建筑设计问题的相关性。要检验它们，需要了解目标和概念的实际关系。

目标是目的，概念是手段。概念是实现目标的方式。目标与概念之间的关系是一致的，目标的完整性取决于它与概念之间的一致性。

如果目标表明业主想要实现什么，概念则表明业主想要如何实现目标。换句话说，目标是通过概念来实现的。

现实的目标可以通过概念实现。而相反，口号性的目标不具有完整性，不必去理会。口号性目标可能是公关中做出的不实承诺，无意实现它们。无论是出于什么意图，业主说的不一定是他们实际的意思。

没有人会反驳“真理式”的目标。它们是不容置疑的，但是太笼统而没有实际用处。谁会质疑“创造良好环境”或者“收益最大”这样的目标？包含一些“真理式”的目标并没有错，如果它们足够详细并且能阐明情况。然而理性、清晰的策划目标绝对必要。

也就是说，需要一些“真理式”目标来启发设计师。在搜寻设计概念的过程中，模糊的目标可以激发他们的潜意识。

请不要忘记，尝试将不同类型的问题和解决方案混合会导致无止境的混乱。说得明确一点，社会问题需要社会问题解决方案。有了社会问题解决方案之后，其中一部分设计问题可以找到设计问题解决方案。你不能用建筑设计方案解决社会问题。

策划者必须检验目标和概念，检验其与设计问题的相关性，而不是社会问题或者其他建筑学解决不了的问题。这种相关性检验包括目标和概念对设计的影响，决定了它们是否能成为设计问题的一部分。

收集和分析事实
Collect and Analyze Facts

只有在适合的情况下，事实才是重要的。事实用来描述场地现有条件，包括实体、法律、气候、美学等方面。这些场地条件应该用图表方式高效地记录。其他重要的事实包括统计预测、经济数据、用户特征描述等。事实是无穷尽的，**但建筑策划不仅仅是发现事实**。

事实（和数据）可能会过于庞大而无法促成明确的结论。只收集那些与问题相关的事实，并将它们组织分类。收集的事实与目标和概念相关。将这些事实和数据进行整理，使它们成为有用的信息，然后处理这些信息确定对建筑的影响。

事实可能涉及许多数字，例如人数和空间需求：2000座的音乐厅。数字需要足够准确，以保证对空间和经费的公正分配；但数字也需要留有一定余地：例如，每间办公室每人150平方英尺（14m^2）。预测的参数应准确而真实：每个餐位需要15平方英尺（1.4m^2）。

当策划者提出问题时，他们所听到的回答可能不是他们想要的。尽管如此，他们必须避免偏见，以公正地收集信息。他们必须避免先入为主的观念，并正视事实。他们必须实事求是，既不悲观也不乐观。策划者必须区分事实和幻想，他们必须搜寻真实的结论，或者假设是真实的。假设在这种情况下是存在的。策划者必须分清哪些是事实，哪些只是意见，他们必须评估意见，并检验其可信度。

生成和检验概念
Uncover and Test Concepts

理解策划概念和设计概念的区别至关重要，这对于一些人来说很难掌握。

策划概念是指抽象的想法，主要是针对业主的建筑性能问题提出功能解决方案，不是对客观现实的回应。相反的，设计概念是指具体的想法，是解决业主建筑设计问题的具体方案，是对客观现实的回应。理解的关键在于，策划概念与建筑性能问题有关，设计概念与建筑设计问题有关。

以下这些例子说明策划概念与建筑概念的区别：可变性是一个策划概念，相应的设计概念是折叠移门；遮蔽是一个策划概念，相应的设计概念是屋顶。

我们需要抽象的想法。在设计师形成实质的解决方案之前，概念必须是有弹性的、不明确的。如果能等到获得所有信息后再设计是最好的。如果业主早早提出了独立、具体的想法或者三维的设计概念方案，设计师将很难把这些固化的方案整合为一体。

例如，一个住宅项目的业主把一大本剪贴簿放在你桌上，里面全是从杂志上剪下来的实际方案——荷兰式的厨房、法国乡村式的餐厅、日式的客厅，还有一个香格里拉酒店的门廊。剪贴簿不利于经验丰富的策划者进行工作，但可以利用它搜寻方案背后的问题。

这里有24个策划概念，可以覆盖几乎所有建筑类型——住宅、医院、学校、购物中心或工厂。下文的一系列图表将简要解释这些反复出现的概念。策划者可以通过手头的项目来验证这些概念的有效性。

1．优先级

优先级的概念要求问题按照**重要性排序**，例如相对位置、面积大小和社会价值。这一概念反映了如何基于**价值排序**实现目标。举例而言，“步行交通比车行交通享有更高的价值”可能影响交通流线的优先级。

2．等级

等级的概念与行使权利这一目标有关，也是权利象征的体现。例如，“保持传统军衔等级”的目标可以通过办公室面积大小的等级概念来实现。

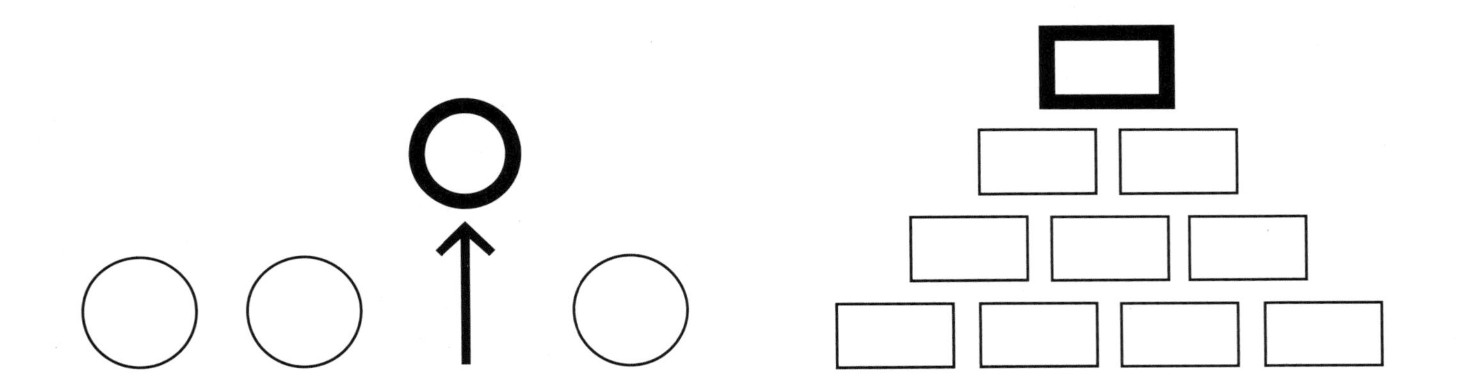

3. 特点

特点的概念建立在关注**形象**的目标上。业主根据项目价值和项目基本属性，提出所希望得到的形象。

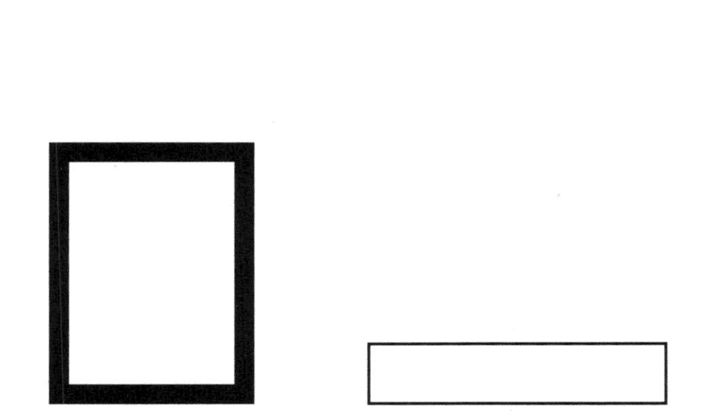

4. 密度

以高效的土地和空间利用为目标、以高度互动为目标，或者以应对恶劣气候条件为目标，都需要合适的密度——**低**、**中或者高密度**。

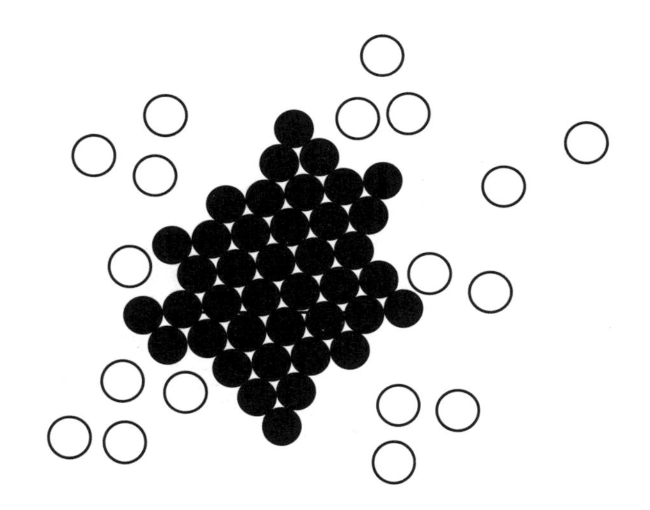

5. 配套设施组合

配套设施应该是**集中式还是分散式**？检验各种配套设施是集中设置还是分散设置更好，集中供暖还是分散供暖更好。在图书馆呢？在餐厅呢？库房呢？其他配套设施？评估其收益和风险引导客户做判断。但记住，每个集中或分散的配套设施都有明确的理由——为了实现特定的目标。

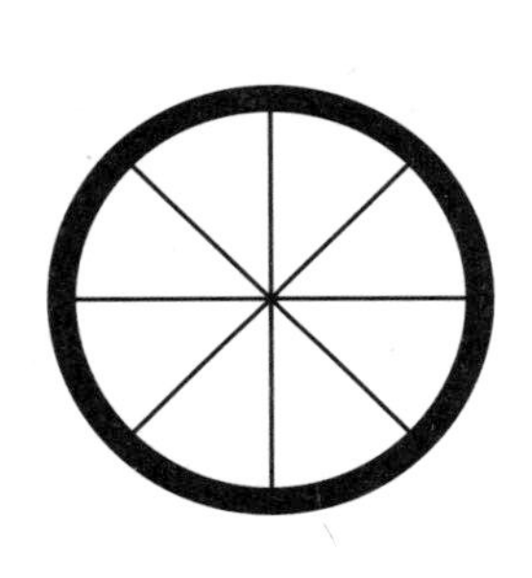

6. 活动组合

各项活动**整合好还是分开好**？紧密相关的一类活动可以整合来促进互动，而需要一定程度私密性和安全性的活动还是应该分开。

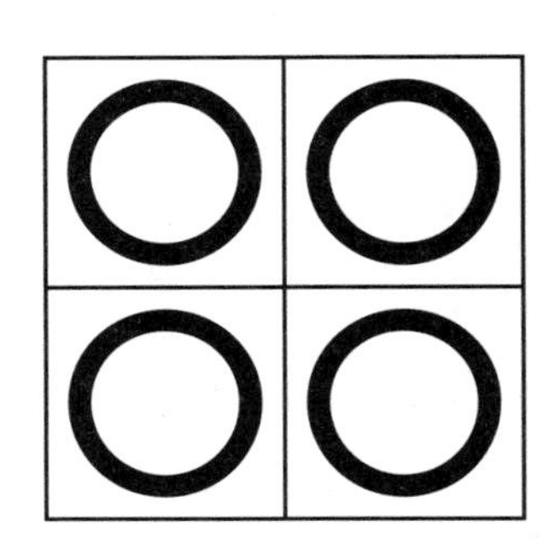

7．人员组合

寻找源于人们生理、社会、情感特点的概念——分别代表个体、小团体以及大团体。如果业主希望在大量人群中保持个体特征，那么需要探讨什么样的范围可以实现这一目标。要看人员的功能组织，而不是人事组织，后者只是表示级别顺序。

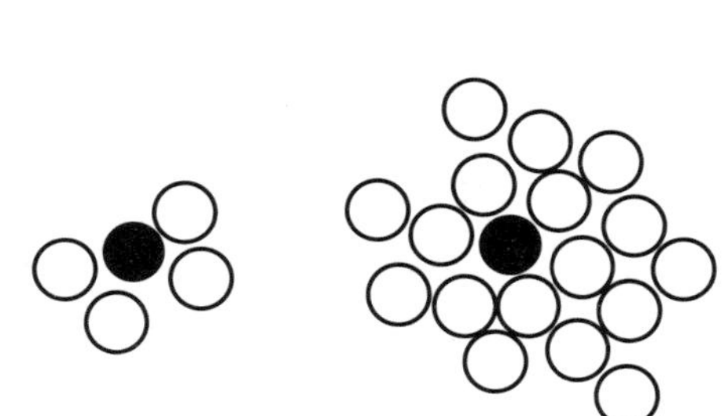

8．大本营

大本营和领域的概念有关，领域是易于定义的，能够保持一个人个体特征的区域。虽然这一概念适用于宽泛的功能环境——例如中学或工厂——最近，许多机构推荐新的办公场所配置，包括场内办公和场外办公两种。

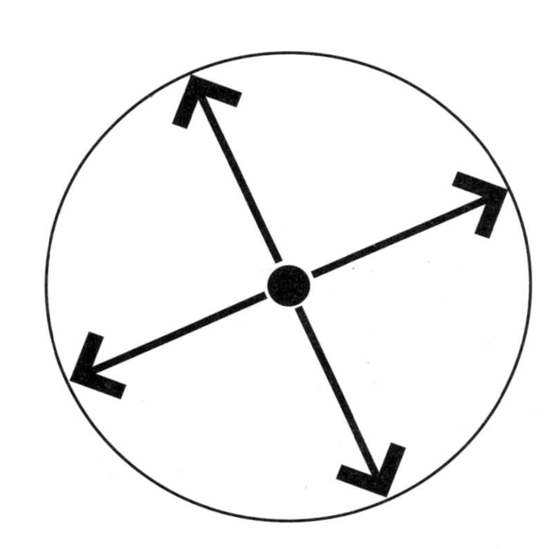

9．关系

正确的空间相互关系促进了人活动效率的提高。**功能关联性**是最常见的项目策划理念。

10．交流

促进组织中信息或思想的有效交换，需要建立交流的**网络和模式**：谁和谁交流？如何交流？交流的频率如何？

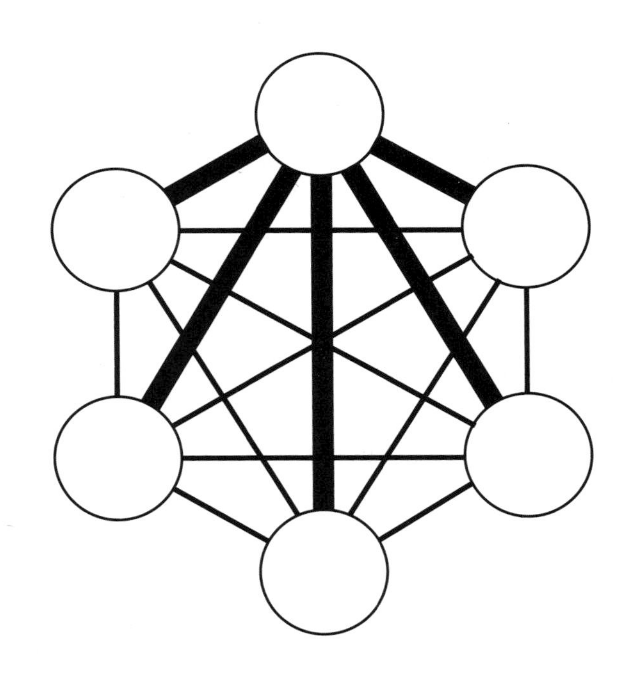

11. 邻里

项目有没有社交目标？该项目是完全**独立**的，还是怀着**相互合作**的愿望来与邻里合作的？

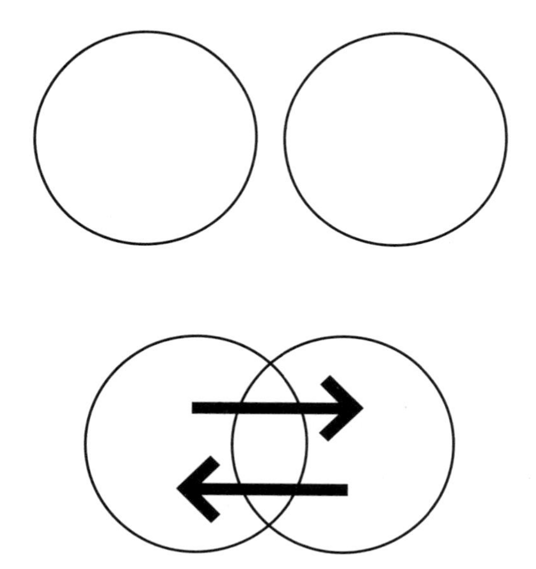

12. 可达性

首次访问者能否找到建筑入口？除标牌和标识外，可达性的概念也为残障人士的通行提供便捷。我们需要**一个还是多个入口**？

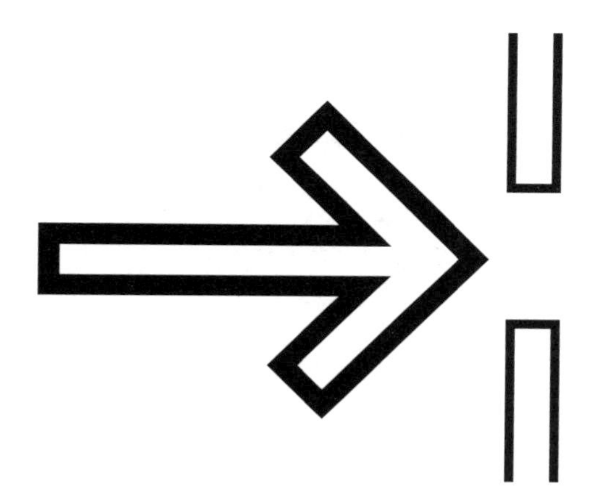

13. 分离流线

流线的分离与人（例如囚犯和公众）、车辆（校内交通和城市交通），以及人与车辆（如步行交通和车行交通）有关。例如，**使用障碍物将不同的流线分隔**，如墙壁、楼面和空间标识等。

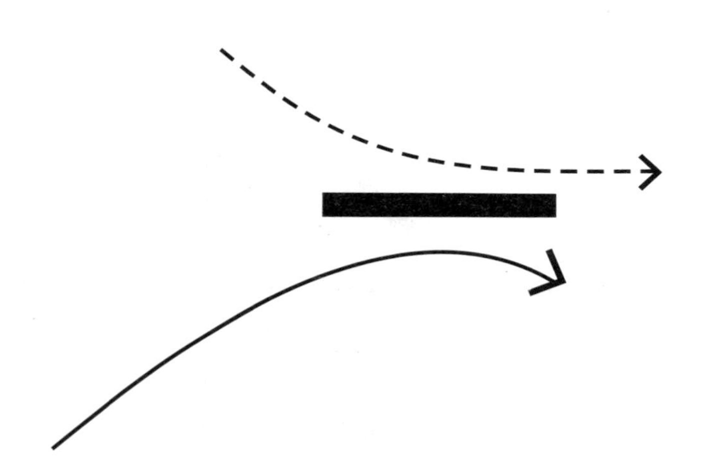

14. 混合流线

常见的社交空间，例如城镇广场或建筑大厅，一般都进行**多方向和多目的**的交通设计——亦称为混合流线设计。如果项目目标包含促进不同人群邂逅的机会，那么这种概念尤其适合。

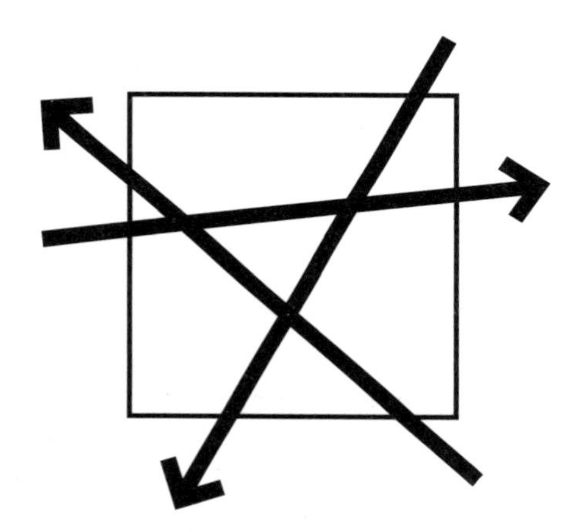

15. 序列流线

必须仔细策划人（例如在博物馆中）和**物**（例如在工厂中）的**行进流线**。流程图比文字更容易传达顺序流线的概念。

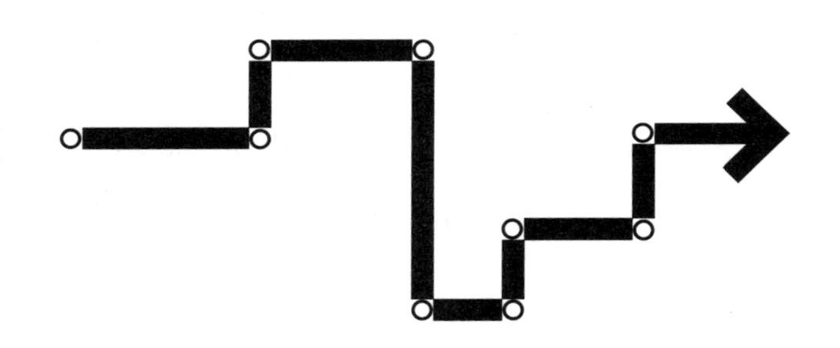

16. 方位指向性

提供方位指向性的标志——建筑物、校园或城市中的**参考点**。经常对照空间、事物或建筑可以防止迷失方向。

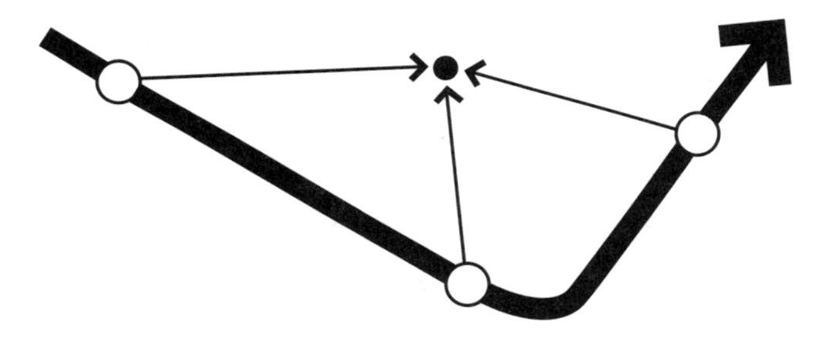

17. 灵活性

灵活性的概念经常被误解。对一些人来说，灵活性意味着建筑物可以扩建增加容量。对一部分人来说，灵活性意味着建筑可以通过空间变化实现功能转换。对于另一些人而言，灵活性意味着建筑物通过多功能空间实现效用最大化。实际上，灵活性涵盖了以上三个方面的含义——**可扩展性**、**可转换性**和**多样性**。

18. 容耐性

这个概念可以有效地增加项目的空间。这一项目是为静态活动**量身定制**的特定空间，还是为动态活动打造的**宽松可变**的空间？

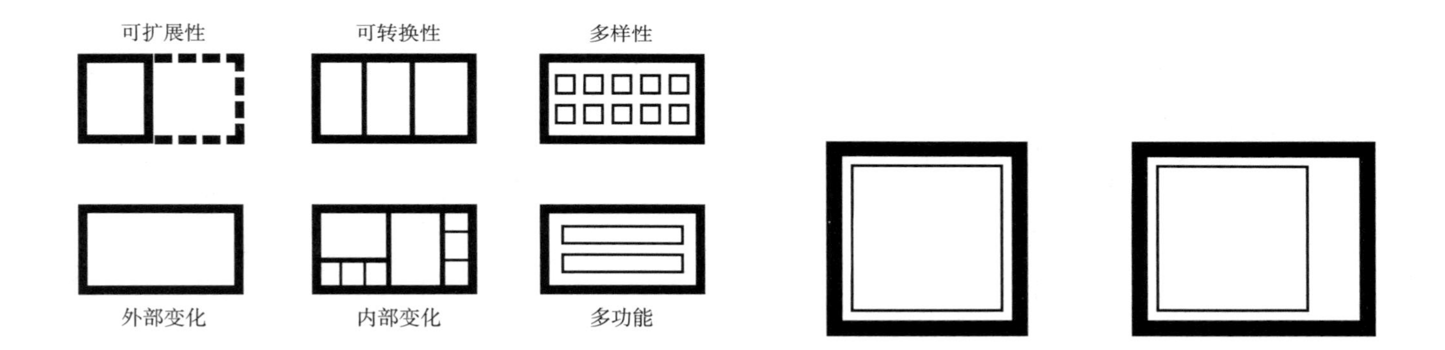

19．安全

哪些重要的设计理念将影响项目实现生命安全的目标？请参阅相关**规范和安全预防措施**来发展这些理念。

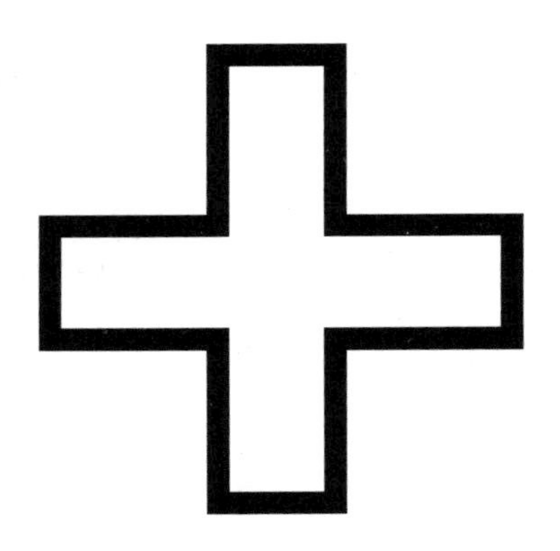

20．安防控制

安防控制的级别取决于潜在损失的程度——**最小值、中间值或最大值**。这些控制措施用于保护财产安全并规范人员流动。

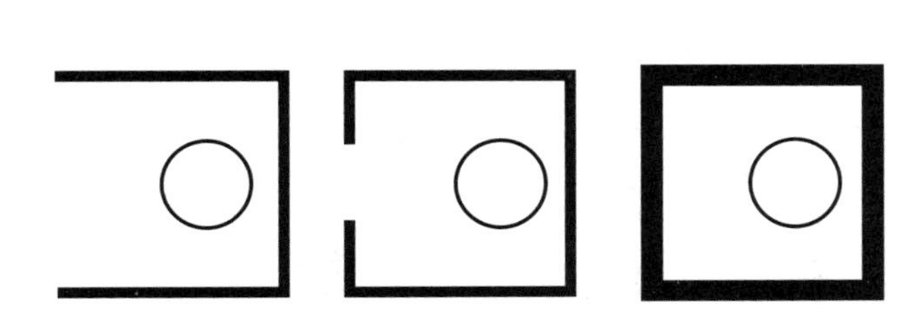

21．节能

建造节能建筑的方法有两种：（1）通过使用配备空调但不需供暖的外部空间（例如外走廊），**将供暖面积降至最低**；（2）通过热防护、合理的阳光与通风朝向、紧凑性设计、光照控制、通风控制和反射表面等，**使热传导降至最低**。

22．环境控制

为了创造**室内室外**的适宜环境，需要什么样的**空气温度**、**光线和声音**的控制措施？查看气候和日照分析寻找答案。

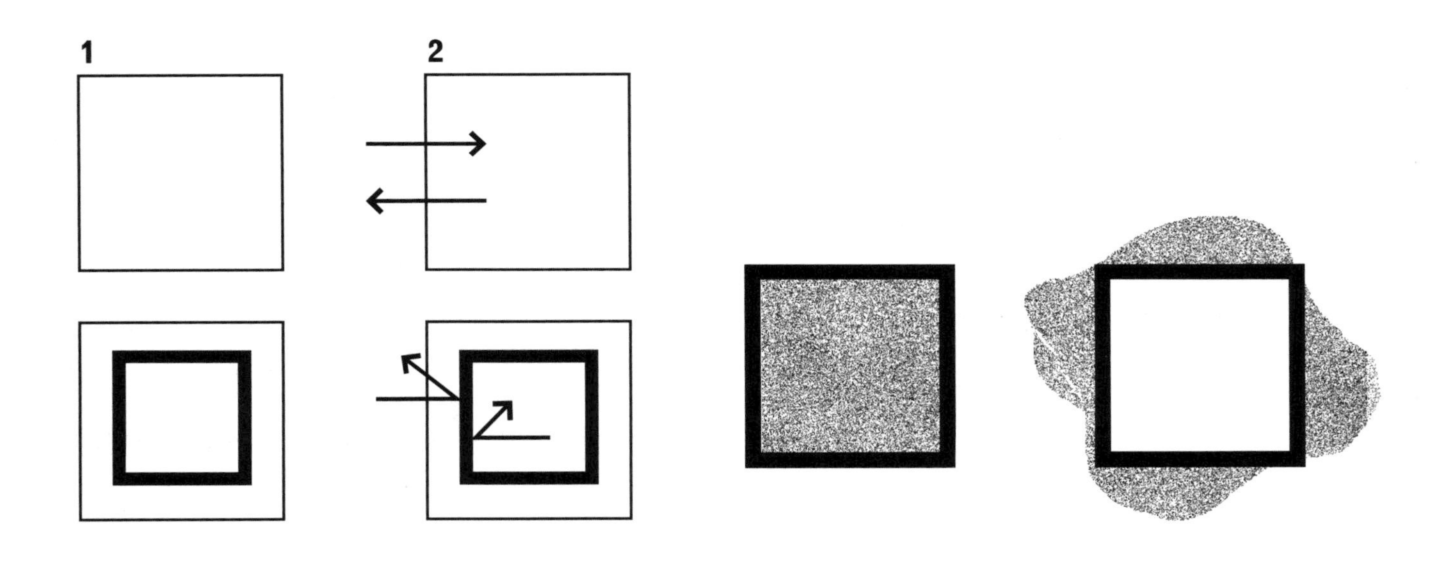

23．阶段控制

如果项目在初步分析中论证可行性不高，是否需要按照**时间—费用进度表**分阶段安排施工进度？根据项目的紧急程度决定是否需要并发调度，还是依照线性调度？

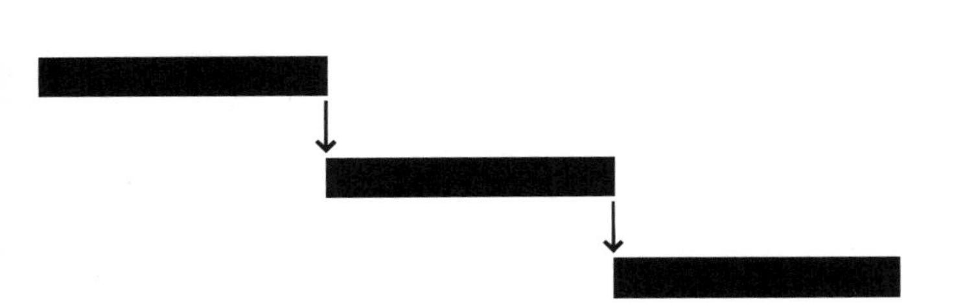

24．成本控制

此概念旨在搜寻可行的经济理念，指导对**项目的成本**进行实事求是的预测，并根据可用资金数量制定平衡预算。

确定需求 Determine Needs

很少有业主有足够的资金支持他做所有想做的事情。因此，区分需求和愿景是很重要的。富人的必需品可以是穷人的奢侈品。故而很难对项目所需空间的质量和适当性做出判断。明确真正的需求同样困难。业主想要的通常比他们能承受的多得多。因此，业主和建筑师必须根据特定时间内可用资金的情况，就建筑项目的质量水平以及明确的空间规划达成一致。

第四步实际上是进行经济可行性测试，以查看是否可以确定预算或平衡固定预算。应当指出，最佳的平衡预算是在满足四个成本要素外还留有谈判余地：（1）空间需求；（2）建筑质量；（3）资金预算；（4）时间。这四个要素中，至少有一个要留有余地。比如，如果在建筑质量、资金预算和时间上达成一致，必要的调整需要在空间需求上进行。严重的失衡可能需要重新评估目标、事实和概念。

业主的功能需求直接影响着由使用者和活动产生的空间需求。必须预留一部分资金以考虑净面积与总面积之间的比例关系，实现合理的建筑效率。建筑的质量可以以每平方英尺的造价成本（SF）来量化表示。在编制预算时还应包括价格调整系数，以应对由于项目策划和建设中期的时间差出现的价格变化。

当出现以下情况时，可以考虑分阶段进行建设：

- 初始预算有限。
- 项目资金筹措需要时间。
- 预期项目功能需求会增加。

成本控制是从项目策划开始的，是解决整个建筑设计问题的基础。成本控制不会阻碍建筑师的创造力；经济是重要考虑因素，而非约束因素。建筑师可能会将成本控制视为枷锁，但如果他（她）致力于为客户提供他们所需要的和他们所能负担的东西，则成本控制就不是限制。

由于全程项目策划是从总体到具体、从宏观到细节的过程，因此，策划中预测成本并不是很困难的事。在项目策划过程中，可以根据最粗略估算的建筑总面积测算不同建筑质量水平下的成本，同时关注建安成本和其他预期支出。建筑策划的第一阶段（用于方案设计）需要方案预测。建筑策划的第二阶段（用于深化设计）需要更具体的预测。随着项目的推进，可以不断地进行测算、调整和更新预算评估。

成本评估分析 Cost Estimate Analysis

一开始就建立实际可行的预算是十分重要的。可行性的预算是具有预测性和全面性的。它可以避免发生重大意外。根据成本估算分析中所列的各个项目，预算应包含所有可预期的支出。建筑师必须参考过去的经验和出版物来推定预测参数。

成本预算和评估过程对设计的影响与限定怎么强调都不过分。如果一开始就了解预算，那么你就不会把费用花在重新设计上。在设计的每个步骤中，必须对预算进行监管和审查，使项目保持在预算范围内并按计划进行。

预算应建立于三个实际预测之上：（1）总面积与净面积的合理效率比;（2）截至建设中期每平方英尺的成本;（3）其他支出占建筑成本的百分比。这些预测已经成为行业内非常普遍的做法，以至于它们不被视为预测而是规划因素。

要了解业主的财务问题以及如何制定总体计划。

最重要的事：基于总人数、每平方英尺的成本、每单位度量成本（如汽车、学生、病床、房间、座位、囚犯等）做出最早预算。业主通常会有一个预算，即使他（她）不想与你分享。你需要做的是找出业主是如何制定预算的。它是否基于“6年前在德克萨斯州建造的一个类似项目，并且我们每年增加3%的通货膨胀率”，却没有意识到新建筑是在一个工会市场上，而不是以非工会市场为主的得克萨斯州。所以你需要确保业主有一个合理的预算。帮助他（她）理解，在相同的6年期间，成本的实际增长是22%，从得克萨斯州到芝加哥市中心的成本差异是显著的（就像非工会市场与工会市场的差异）。

当成本估算分析显示总预算需求的资金大于可用资金数额时该怎么办？换句话说，业主负担不起项目总造价。如果特定时间内的预算是固定的，则只能更改其他两个因素：每平方英尺造价或总面积。这意味着必须降低建筑质量或空间面积，或两者都需要减少。

我们可以在很多时候进行成本控制。但是如果我们在策划的最后阶段没有建立和平衡预算，就会危及项目。

——威廉·M. 佩纳

成本评估分析表

A. 建筑成本	200000SF @ $135.00/GSF	27000000美元
B. 固定设备	A的8%	2160000美元
C. 场地开发	A的15%	4050000美元
D. 施工总造价	A + B + C	33210000美元
E. 土地购置/拆迁		500000美元
F. 移动设备	A的8%	2160000美元
G. 专业咨询费	D的6%	1992600美元
H. 应急费	D的10%	3321000美元
J. 管理费	D的1%	332100美元
K. 总预算	D+E至J	41515700美元

提炼本质 Abstract to the Essence

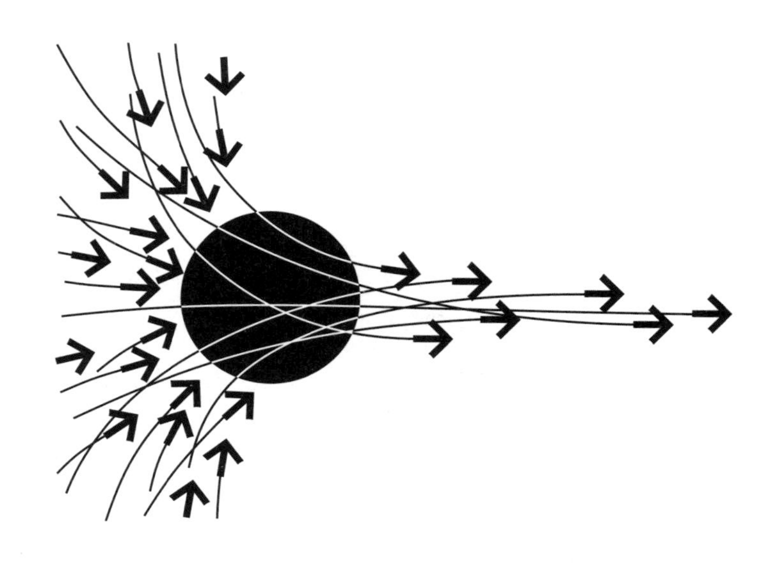

建筑师通常被教导以全局眼光看问题，甚至要超越直接显露的结果来看到其他的可能性。但是，涉猎过多的领域会增加不相关信息的内容。

建筑师还被教导在混乱中寻找规律，树立秩序的重要性，把握问题的关键。抽象——提炼事物的本质是策划师的基础。**必须有将主要信息筛选过滤的过程**，在陈述问题时尤为重要。

在抽象中提炼本质总是存在过分简化的危险。但是，通过分析并有意识地囊括所有复杂因素，可以将遗漏某些事物的危险降到最低。

有必要对整个问题进行放大详述，但也有必要进行抽象概括。你放大细查然后缩小概观；一如你查找所收集信息的结论，然后再去确定隐含的意义。这是一个持续的过程。你必须能够看到树木和森林——不是同时看到，而是连续看到，从两个不同的角度来看。

限制一种想法（每张卡片一个事实）的原因之一是能够减少卡片的数量而不会丢失一些重要的东西。

——史蒂文·A. 帕歇尔

陈述（说明）问题 State the Problem

策划是一个明确说明建筑问题的过程。它是一个需要从策划师交接到建筑师的信息传递集合。

在充分考虑了之前步骤中获得的信息之后，**设计师和策划师必须对有关问题做出最直观的书面陈述**，这些说明将塑造建筑。如果处理得当，这些说明可以成为**建筑设计的前提**，并可以作为**设计标准**用于后期方案评估。

问题说明需要至少包括设计的四项组成要素：（1）功能；（2）形式；（3）经济；（4）时间。通常涵盖功能策划、场地、预算以及时间影响。问题说明往往少于十条。若陈述条目过多，则表明问题仍然非常复杂，或者次要细节被误用作设计的前提。问题说明必须反映问题的实质。

问题说明要使用设计师自己的语言，简明扼要、避免歧义、易于理解。问题陈述应集中在显而易见却通常会被忽略的方面，并强调项目的独特性。

问题说明的形式因各个设计师而异，但是实践中较好的做法是确定项目重要的、特别的条件，并为设计确定总体方向。虽然每个条件必须准确描述，但设计方向（应执行的操作）应是留有余地的，以避免解决方案太过单一。该方向应是项目性能相关的，以免妨碍建筑师寻找替代的解决方案，或是影响建筑形态的不同表达。

这些定性的问题说明，因包含所有复杂因素而与整个问题相关，但同时它们必须反映先前步骤的本质内容。它们期望对整个问题有一个全面的解决方案——不是通过丢弃先前步骤中的信息（这些信息仍然存在），而是将最初复杂的设计问题解析为简单明了的陈述。这种针对项目的解析遍及了策划过程，但是在第五步中得到了最生动的体现。解析需要高强度的脑力劳动。简化和厘清问题陈述是一项艰巨却必要的工作，这样项目团队中的每个人都可以朝着同一个目标进行合作。

大多数精简都是在这里进行的。但是，有些人喜欢把问题扩展，使其具有普遍意义，以至于无人能解决这一问题。

——威廉·M. 佩纳

总结 Summary

策划原则 Programming Principels

比尔·考迪尔在《团队建筑》(*Architecture by Team*)一书中强调了如下策划原则：

A. **产品原则**

在设计过程中，如果四要素（功能、形式、经济和时间）得到重视，那么产品取得成功的可能性更大。

B. **程序原则**

在建筑实践中，每个项目都需要三种思维活动：管理、设计和建筑技术。每个环节都需要团队合作。

以上为团队工作的两项原则，由此扩展出问题搜寻法的基础原则如下：

1. **业主参与原则**

业主是项目团队的参与者，在建筑策划过程中提供大部分的决策。

2. **有效沟通原则**

业主与设计师需要运用图形分析的方法，建立对数字大小和概念含义的理解。

3. **综合分析原则**

在一个项目中，有广泛的因素会对设计产生影响，但通过使用五步法和四要素进行分析，这些问题都可以被归纳在简明的框架里。

4. **精要原则**

策划需要对问题的本质进行提炼和抽象，以阐述最主要的信息。

5. **抽象思维原则**

策划提出抽象的观点，也称策划概念，策划概念是为业主提出解决问题的方法，而不是具体的设计方案。

6. 区分原则

问题搜寻法将策划与设计、分析与综合分别视为两个不同的过程，两个过程需要不同的思维方式。

7. 高效运作原则

策划团队需要良好的项目管理、清晰的角色和责任分工、通用的工作语言和标准化的规程。

8. 定性信息原则

对拟建建筑的要求包括业主的目标（要实现什么）和概念（要怎样实现）。

9. 定量信息原则

项目的某些事实和需求本质上是数量——人口和事物的数量，由此推算面积和费用——它们可以用于投资控制和预算平衡。

10. 明确闭环原则

策划是对一个建筑问题提出明确的阐述的过程——对缺失的部分进行补充并将最初的问题化繁为简，形成简单明了的说明。

第二部分

如何使用方法

简介 Introduction

术语与范例

此部分由七个小节构成，用于介绍建筑策划的术语定义及应用实例，每个小节都阐述了本书中使用过及未使用的术语，这些术语不是以字母顺序进行排序的，因为通过分组来解释术语间的内在联系更加重要。例如，“价值”“信念”和“问题”被分到一组以解释它们与“目标”的逻辑关系。请参考特定页面的索引以找到术语。

七个小节为：

1. 理论与程序
2. 要素
3. 目标
4. 事实
5. 概念
6. 需求
   - 面积定义和测量方法
   - 建筑效率
   - 成本估算分析
   - 订单项分配
   - 建筑成本构成
   - 内部成本估算
   - 场地开发成本
   - 建筑质量等级
   - 可持续发展
   - 财务分析
7. 问题陈述

策划程序

在具体项目中，可以通过使用信息索引中的关键字和词组发现项目的特定问题。关键词背后是具体的步骤，可应用于各种建筑类型。这些关键词可以激发深层次的疑问，并进一步引发对设计问题的分析。因此，它们的组织遵循问题搜寻五步法。

1. 建立目标
2. 收集和分析事实
3. 生成和检验概念
4. 确定需求
5. 陈述问题

策划活动

入门介绍了基本的策划过程，本节说明如何将基本策划过程应用于典型项目，以及将其应用于更复杂的项目和不同的业主情况。最后，本节阐述了三种简化设计问题的方法。

1. 确定典型的策划活动
2. 建立策划的四个层次
3. 明确不同的情况

实用技巧

策划技巧包括怎样分析业主的需求以及与使用者、决策者和后续的设计团队沟通：首先，如何收集、组织和分析数据；其次，如何对使用者进行访谈以获取信息；最后，在与业主进行工作会议时，如何使用这些信息。

1. 数据管理
2. 问卷
3. 访谈和工作会议
4. 语音和视频会议
5. 功能关系分析
6. 游戏与模拟
7. 空间清单
8. 程序开发
9. 棕色纸和可视化
10. 分析卡和墙壁展示
11. 电子白板和活动挂图
12. 电子演示
13. 策划报告
14. 策划预评价
15. 建筑评估

术语与范例 Definitions and Examples

以下几节介绍了在建筑策划领域具有特殊用法的术语及其定义，提供了一些用于解释这些术语的范例，还介绍了相关的术语，用于说明这些术语之间的关系。此外，这几节还介绍了如何把技术性术语与实际用途联系起来——意义与应用。

“需求”可能是术语与范例中最复杂的一节，因为它包含区域定义、建筑效率、成本估算、质量水平、可持续性和财务分析。

理论与程序 On Theory and Process

建筑策划：一个旨在陈述建筑问题和为解决方案提出需求条件的过程。

系统分析：采用数学手段的对某种活动进行研究的过程，旨在确定最终的目的以及如何有效达成目的。

假说：在不确定的前提下，提出一种假设的命题、条件或原则，得出其逻辑结果，并验证其与已知或可能确定的事实的一致性。

科学方法：对相互关联的、可获得的知识进行系统探索的原则和程序，包括以下必要条件。

1. 认识并提出问题
2. 通过观察或实验收集数据
3. 提出假说
4. 对提出的假说进行检验

传统的解决问题步骤*：

1. 定义问题
2. 建立目标
3. 收集数据
4. 分析问题
5. 提出解决方案
6. 解决问题

*与问题搜寻五步法相比。

分析：将整体问题分离或分解为基本要素或组成部分。

综合：将不同要素组合成一个连贯的整体。

研究：进行详尽的研究或实验，其目的是发现新的事实及其正确解释。

运筹学：将科学方法，尤其是数学方法应用于研究和分析复杂的整体问题。

理论：能够清晰、全面、系统地呈现一个复杂问题或领域的原理、概论及其关系。

原理：根据经验得出的关于系统本质的结论，是总结某一学科领域现象的特定抽象概念。

概论：总体性陈述、法律、原则或主张。

概括：从个别现象中推导出普适的概念或原则。

归纳：从局部推理出全部，从个别现象推理出普遍现象，从个体推理出整体。

演绎：通过推理得出结论或从一般原则推断出结论。

简化论：将复杂数据或现象简化为简单术语的过程或理论。

解析：简化为简单形式的过程，将复杂概念分析或转换为简单概念或其元素的艺术。

启发：用于指导、发现或揭示。对于进行未经证明或无法提供证据的经验性研究有一定意义。

算法：解决数学问题的规则或过程，经常涉及重复操作。

全面的：完全或几乎完全涵盖正在考虑的问题，说明所有或几乎所有相关的考虑因素。

复合体：不同部分的组合，对复合体的理解或操作需要大量的学习、知识或经验。

复杂的：可能会增加理解概念的难度。

组织：为合作行动做准备，将各个元素部署成为相互依存的整体。

无组织的：没有将各个元素部署成为一个连贯的或有序的整体。

简约主义：过度简化。倾向于只关注（问题的）一个方面而排除其他所有复杂因素。

方法：解决真理或知识问题的特定途径，是某学科采用的系统程序、技术或探究模式。

方法论：用于解决问题的途径，是逻辑学的一个分支，可分析某一领域的研究程序用于指导该领域的研究，是某一领域中使用的调查方法、技术和过程。

合理的：一般来说包含较少的推理意味，而是指切实可行、明智、公正或公平的行为、决定或选择。

理性：进行逻辑推理和得出结论的能力，使人们能够理解自己周围的世界，并将这些知识与目标的实现联系起来。

合乎逻辑的：与合理的推理相一致并与公认的逻辑原理一致。

逻辑：正确推理的科学，与思考和论证的评判标准相关。

关键词：具有关键意义的词汇。

唤起词汇：触发有用信息的词汇，充满情感和含义的词汇，往往会引起思想或联想。

编码词汇：可赋予任意含义的词汇。

框架：开放的工作框架，参考系，系统的关系集合。

信息索引：由关键词和唤起词汇组成的矩阵，用于表示步骤和注意事项之间的关系以及相关信息的典型分类。

全过程项目交付系统：一系列完整的操作序列，用于完成建筑项目，包括（1）项目策划（P）；（2）方案设计（SD）；（3）深化设计（DD）；（4）施工文件（CD）；（5）招标；（6）施工。

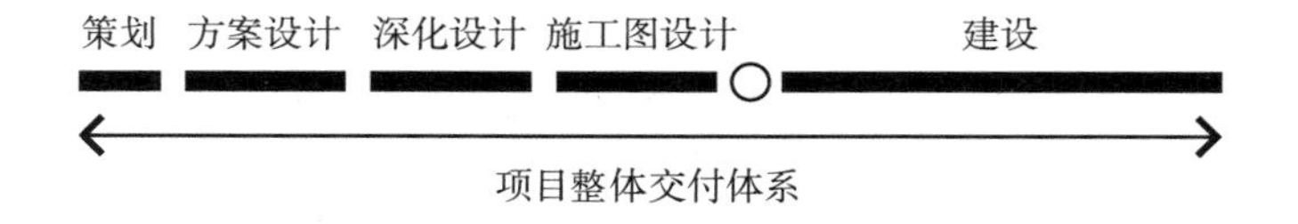

全过程设计程序：建筑实践的前三个阶段，即（1）项目策划；（2）方案设计；（3）深化设计。项目策划是全过程设计程序的组成部分，但不属于方案设计。

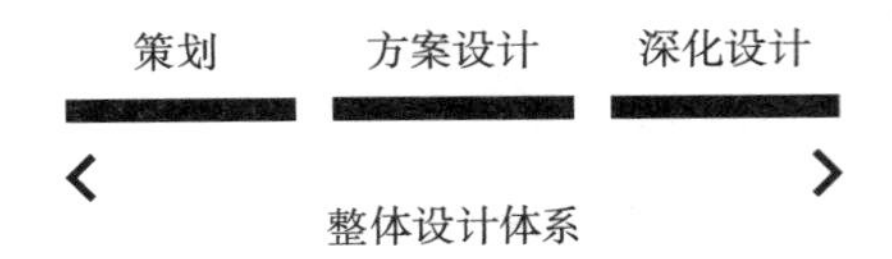

设计：全过程设计程序的第二阶段和第三阶段，即方案设计和深化设计。

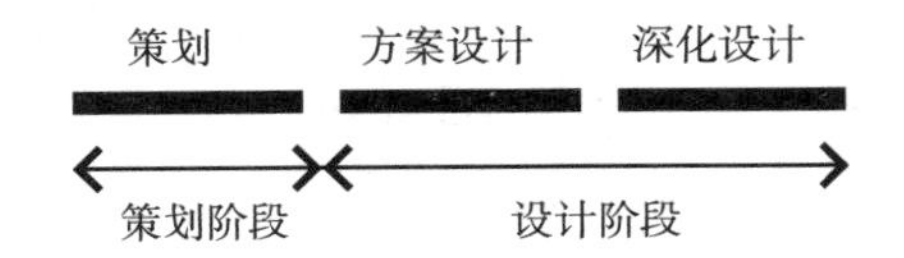

方案设计：通过研究和草图对业主的项目条件进行解释，说明基本的建筑概念、空间条件和关系、主要流线、规模、组团、场地使用、总体形象和项目范围。方案设计也应对规定的项目预算是否足够做出说明。

深化设计：在方案设计获得批准后进行深化设计，包括确定、设计和协调建筑、结构、机电系统、设备布局和相关场地深化设计。此阶段生成的图纸、文档以及其他必要材料必须是“最终”深化成果，确保所有重要的设计问题和疑问均已得到解决。

施工文件：此阶段将先前批准的深化设计文件转换为一组详细的、符合法规要求的建筑施工招标文件。这些文件通过施工图以及详细的材料和建筑系统说明文件来控制和指导施工过程。

集成项目交付指南：美国建筑师协会（AIA）和美国建筑师协会加利福尼亚委员会发布了替代传统总项目交付系统的指南。集成项目交付指南回应了业主对更高效流程的需求，使建设项目更好、更快，成本更低，建设过程更顺利，并更好地得到新兴技术的支持。

以下术语引自《集成项目交付指南（第一版）》，美国建筑师协会出版，2007年.

集成项目交付（IPD）：一种协作项目交付方法，将人员、系统、业务结构和实践集成到一个过程中，该过程利用所有参与者的才能和见解来优化项目结果，提升项目价值，减少浪费，并在设计、生产和建造的所有阶段中实现效率最大化。团队可以将IPD原则应用到各种合同中，参与者可以由包括业主、建筑师和承包商在内的多种成员组成。

IPD阶段：集成项目交付方法有八个主要的阶段，即（1）概念化阶段—开展项目策划（EP）；（2）标准设计阶段—开展方案设计（ESD）；（3）详细设计阶段—开展深化设计（EDD）；（4）实施文件阶段—施工文件（CD）；（5）机构审查阶段（AR）；（6）采购阶段（O）；（7）施工阶段（CON）；（8）交付阶段（CO）。

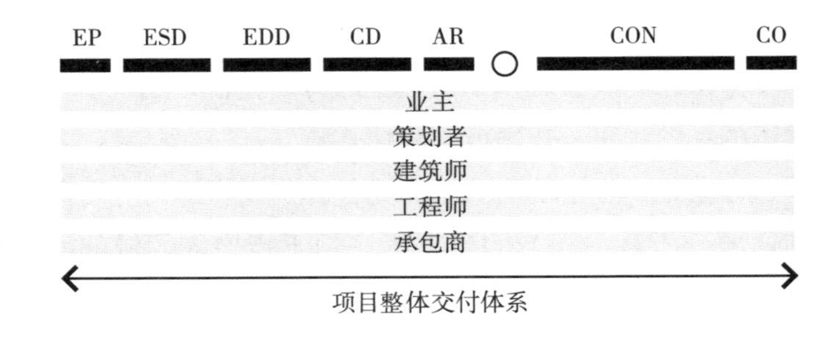

IPD项目团队：集成项目涉及业主、设计师和施工方之间的协作，从项目策划到交付使用贯穿项目全程。

以个别专家的早期贡献为基础，IPD项目团队本着尊重互信、透明流程、有效协作、信息开放共享的原则，利用一切可利用的技术对项目进行支持，共同管理，共同决策，利益共享，风险共担。其结果最大限度地实现设计、建造和运营的高效运行。

支持IPD的技术：IPD方法通过采用信息技术使项目在早期即可利用参与者的知识和经验。这些技术使团队成员可以有效地协作，同时在整个建筑信息生命周期中更好地发挥成员的价值。

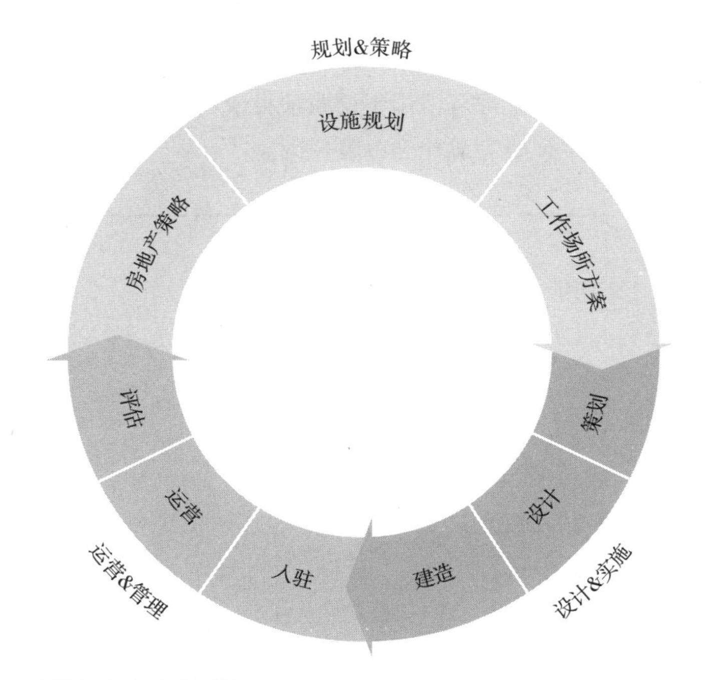

建筑信息全生命周期

建筑信息模型（BIM）：在建筑全寿命周期内生成、使用和管理建筑数据的过程，包括项目策划。

BIM软件：建筑物的数字三维模型，链接项目信息数据库。通常使用三维实时参数化建模软件来提高建筑设计和施工的生产率。该过程将生成建筑信息模型，其中包含建筑物的几何形状、空间关系、地理信息，以及建筑构件的数量和属性。

BIM程序：BIM可以捕获每个设计阶段的需求、计划。BIM是IPD的最强大的支持工具之一，因为它可以将设计、制造信息、安装说明和项目管理后勤结合到一个信息系统中。它为设计、建造和调试过程提供了协作平台。

由于信息模型和数据库对于建筑非常有用，业主可以使用BIM来管理他们的设施，不仅用于完成建筑的建造，也可以用于空间规划、装修、长期能源性能监控、维护和改造。

综合工作场所管理系统（IWMS）：统一房地产和设施信息，以优化房地产投资组合的管理、设施运营、空间规划、项目管理和环境可持续性。

IWMS软件：数据库应用程序接收来自企业应用程序的信息反馈，例如人力资源、财务和会计，将信息整理到统一的结构中，并通过接口供设施管理者使用。移动、添加、更改和报告功能可以通过自动化的工作流程实现。

要素 On Considerations

要素：与建筑产品相关，指建筑策划所需的四种主要信息类型，包括功能、形式、经济和时间。

内容：指构成一个全面的建筑问题的四项要素，包括功能、形式、经济和时间。

功能：设计产品如何完成它应做的工作。产品的性能。“做”是指人和事物完成已分配任务的方式。

职能：某人或某物所特别承担的行为或其存在的目的。

功能性的：主要从使用角度出发进行的设计，包括有效的工作、行动或性能。

活动：执行特定功能的组织单位。

形式：在设计中，形式指的是建筑物的形状和结构，不同于其建筑材料——形式是你看到和感受到的。

在项目策划中，形式指的是你将会看到或感受到的，要避免对设计方案提供建议。形式是“那里现在有什么”和“那里将会有什么”。

经济：有效而节俭地使用资源并达成目标，意味着利用初始预算获得最大的效益，并在运营和全寿命周期中获得最大的成本效益。

时间：处理历史遗留的影响，从现在起不可避免的变化以及对未来的预期。

操作的：指与流程相关的目标和概念，即业主或建筑师团队将如何通过全过程项目交付系统来履行合同。

目标 On Goals

目标：努力达成的结果，指只有通过长期努力才能达成的事情。可以分为（1）项目目标；（2）操作目标。

- 项目目标与产品有关，操作目标与过程有关。
- 项目目标是业主在策划者的协助下制定的。这些目标是通过对功能、形式、经济、时间及其子类别的考虑中得出的。

以下词汇可以用作“目标”一词的同义词：任务、目的、使命、意图、原因、原理、理想和策略。这些词汇中的任何一个都可以用于说明项目成功所要实现的目标——业主想要完成什么以及原因。

项目目标

1. 功能
   （1）任务说明
      ①解释原因
      ②回答为什么
      ③陈述目的
   （2）原理
2. 形式
3. 经济
4. 时间

思考以下“目标”同义词的用法。

任务：对特定目标更详细地描述。暗指明确的、可以立即实现的事情。目标是泛指，任务则更加明确。任务具有更强的时间限制和量化属性，因此与目标相比能更好地对结果做出评价。

例：
目标：为尽可能多的来自得克萨斯州的学生服务。
任务：每年增加1000名在册学生。

策略：根据给定条件从备选方案中选出的明确行动方案，用来对当前和未来的决策进行指导。策略是实现目标应执行的规则或准则。目标或任务强调采取行动的，而策略代表选定的行动方案。概念是功能性的或经过组织的想法，也可以实现目标，但策略在分类中属于目标，而概念不是。

例：
目标：提高学术效率。
任务：减少学生在教室之间的行走时间。
策略：相关服务设施应就近分散布置。
概念：分散的活动组团。

意向：以某种方式采取行动的决定，指的是一个人心中想做的事或希望实现的某种情况。

目的：某人希望通过努力可以达到的目标，指为了达到或完成目标付出的直接努力。

愿景：有诱惑力的目标。心中对于未来的美好状态的一种想象，与今天的现状有显著区别。

愿景会议：一个与业主或使用者举办的目标讨论会，旨在交流和记录业主的愿景和目标。

使命：被指派或承担的任务或功能。一个组织的使命声明简单地解释这个组织存在的原因。

功能性的目标回答“为什么”。它应该说明组织的目标，为下属的计划和活动提供指导。

例：
这所大学的使命是积累知识并为未来的变革和改进培养领导。

对使命的说明应当包括要执行的一般功能或服务，而不是预期实现的概念。

例：
一所大学的功能是（1）**教学**；（2）**研究**；（3）**服务**。

结果：动因所指向的目标。强调行动的预期效果，通常不同于行动或手段本身。

原理：关于特定主题、过程或活动领域的基本理论。向客户询问功能性项目策划背后的原理，通常会得到过于深奥、模糊的回答和信息，无法直接使用。

意图：最终实现的结果，意味着更坚定的决心。

理想：（1）渴望的目标，或（2）强烈期望的状况。后者是对目标的非正式陈述。

负责全面计划的高层管理人员必须制定最广泛的项目目标，而中层管理人员应制定与广泛目标相一致的更具体的目标。用户通常会提出任务。

没有立即可用的实施方案时也可以建立项目目标，但是应该记住，最终必须对目标的完整性和有效性进行测试，这依赖于目标的实现方法。

项目目标

1. “妈妈式”（真理式）
2. 口头式
3. 激励式
4. 实用式

思考一下几种类型的项目目标：

“妈妈式”（真理式）目标：这些目标是不容置疑的，但它们太笼统，无法直接使用。

> 例：
> 为儿童提供良好的环境。

口头式目标：这些目标在公共出版物上看起来不错，但经检验发现它们缺乏足够的资源来实现。

激励式目标：通常也是“妈妈式”目标，但它的模棱两可可能会激发设计师的潜意识去提出设计概念。

> 例：
> 展现银行积极进取的精神。

实用式目标：这些目标可以用来指导相关事实的收集。这些目标通过已知的概念来完成，并且可能对问题的陈述产生影响。

> 例：
> **目标：**帮助学生在集体中保持自己的个性。
> **事实：**这所学校注册在册的学生人数由最初的1000名增加到2700名。
> **概念：**将2700名学生分散到三个900人的分校中，每个分校有四个校舍。

目标是有意识或无意识地从价值观、信念、议题中得出的。事实上，对于业主和使用者而言，如果他们目标不明确或较少言辞，则可能更容易从他们的价值观、信念、议题中分析出目标。

价值：本质上可取的、珍贵的东西。相当值钱、有效或重要的东西。能够产生动机的目的和任务。基本的兴趣或动力。

> 例：
> **价值：**个体作为人类的价值。
> **目标：**帮助学生在集体中保持自己的个性。

议题：争论点或争议的焦点，指双方之间有争议的事项。

例：
议题：种族失衡。
目标：将学校表演艺术发展到出色的水平，以吸引所有种族参加。

信念：在心理上接受、认定某些事情，不论其确定性如何。

例：
信念：良好的环境课题给人们带来更好的生活。
目标：创造高品质的建筑形式和空间。

操作目标：这些目标通常来源于建筑师的合同，或者业主或建筑师团队做出的操作决策。这些目标将对团队如何达成目标、履行合同产生影响。它们也将对操作性概念有所启发。

操作目标描述了团队在整个项目交付系统中团队希望完成什么——指的是过程，而不是结果。操作目标根据时间、人员和费用来确定最佳的行动方案，通常也将信息、技术和地点考虑在内。策划人员在准备提供服务建议时，应注意提出对操作目标的响应。

操作目标

1. 时间
2. 人员
3. 费用
4. 信息
5. 技术
6. 地点

例：
时间：在2008年9月入住完工的建筑物。
时间与地点：在建造新附楼时保持当前医院的运转。
信息与技术：对注册或空间数据进行加工。
时间与技术：制定时间表以压缩项目的全过程交付时间。
费用：在整个项目中实现20%的毛利润。
人员：协调团队的活动以最有效地发挥顾问的作用。

事实 On Facts

信息：从调查、研究或指导中获得的知识。

事实：具有客观现实性的信息；真理。

数据：作为推理、讨论或决策的基础事实材料。

相关的：适用于手头上的事项，与正在思考的问题具有逻辑上的关联。

有关的：与“相关的”同义。通常强调与当前的事项有更重要的关系，有助于对这个问题或事项的理解。

假设：未经证实或推演的假定为真实的陈述。在项目策划中，属于事实的一类，是假定的事实或固定的观点。

真理：符合知识、事实、现状或逻辑的事物。

经验性的：基于事实信息，通过观察或直觉得出的经验，与理论知识相对。

使用者特征：代表使用者并影响其行为方式的那些生理、社交、情感和智力品质。通常特征包括体型、年龄、性别、社会阶层、喜恶和智力水平。

参数：象征数量的数学术语，可能与现实世界中的某些可计量的数量相关，例如成本/平方英尺。是通过系统的某个特定值来定义的常量，可以衡量系统中每个成员的价值。

公正：客观地揭露信息。超然而客观地详细审查。

客观性：不因个人感觉或偏见而扭曲事实。

怀疑论：在分析完所有数据前不做判断。

概念 On Concepts

概念：心中构想的东西——思想或观念。

项目策划概念：针对客户自身实际问题的功能性和组织性的解决方案，是从特定实例中概括出来的常规抽象概念。

例：

项目策划概念：将2700名学生分散到三个900人的分校中，每个分校有四个校舍。

设计概念：上述项目策划概念中疏散学生的具体方法可能是（1）修建三个分散的建筑物；（2）在一栋建筑中修建分散或紧凑的三个楼层；（3）一栋紧凑的建筑，一个楼层上有三个独立的分校。

设计概念：指的是对业主的建筑问题提供的具体解决办法。

在项目策划中，应强调项目策划概念，避免提出设计概念。理解这两种概念之间的区别是很重要的。

在项目策划过程中提出设计概念意味着：（1）妄下结论；（2）过早地进行综合分析；（3）在子问题没有明确之前提出了解决方案。

策划概念的意图是实现实际目标。它们是达成目标的手段。如果目标是结果，策划概念就是手段，设计概念是对它们的具体回应，也是对问题说明中的设计前提的回应。

项目目标（结果）

项目策划概念（手段）

设计概念（回应）

策划概念进一步被分为功能、形式、经济和时间。由于它们是作为功能性和组织性的解决方案，因此它们大多数往往被认为是功能性的，但事实并非如此。

人们也可能认为在项目策划中完全避免具体的概念是不可能的，也许会这样，但这样说明项目策划概念是为了启发更多设计中的回应。

重复概念：指的是不仅出现在一类项目或机构中，也有可能出现在任何项目或机构中的项目策划概念。因此，这些概念值得在任何项目中进行测试，以确定它们的适用性。

操作概念：这些概念旨在对业主或建筑师团队在程序上的问题提出的解决方案的想法。操作概念说明了团队将如何完成项目，以履行业主或建筑师合同。

操作概念在时间、人员、费用等方面来贯彻操作目标，通常也将信息、技术和地点等方面考虑在内。

例：

操作目标：在2008年9月入住完工的建筑物。

操作概念：进度表和关键路径方法。

操作目标：在建造新附楼时保持当前医院的运转。

操作概念：同步行动。

操作目标：对注册或空间数据进行加工。

操作概念：自动化。

可持续性概念：在建筑环境的全生命周期中实现环境效益、经济效益和社会效益三重目标。

例：

可持续性目标：提升建筑物的能源消耗效率。

可持续性概念：将覆盖物作为缓冲，以调整日光、风、雨和雪对建筑的影响。

可持续性概念：自然通风和采光。

水和能源可持续性概念：我们发现，根据覆盖物、系统和操作对水和能源概念进行分类，有助于项目中各个团队成员集中精力承担任务和责任。建筑设计师最关心的是场地和建筑物的外壳。工程师是机械、电气和给水排水系统的专家。就运营而言，建筑管理人员或业主拥有最大的控制权。事实上，最有效的设计解决方案是实现这三个领域的强大整合。

完全集成思维™（FIT）：一种用于环境设计解决方案的方法，灵感来源于自然生态系统和过程，能在环境、经济和社会上实现可持续性。实现这些目标的概念受到了自然界的一般模式和生存所必需的过程的启发。

注意事项

环境方面

1. 生态结构
2. 水
3. 大气
4. 材料
5. 能源
6. 食物

社会方面

7. 社区
8. 文化
9. 健康
10. 教育
11. 治理
12. 运输
13. 避难所

经济方面

14. 商业
15. 价值

水和能源可持续性概念

将建筑物的外壳视为**屏障**，以减少热流。

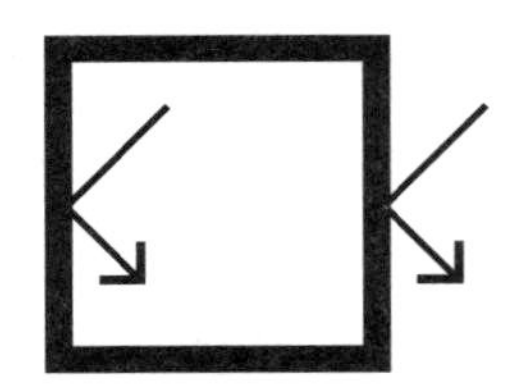

将建筑物的外壳视为**过滤器**，有选择地允许阳光、风和空气进入室内空间。

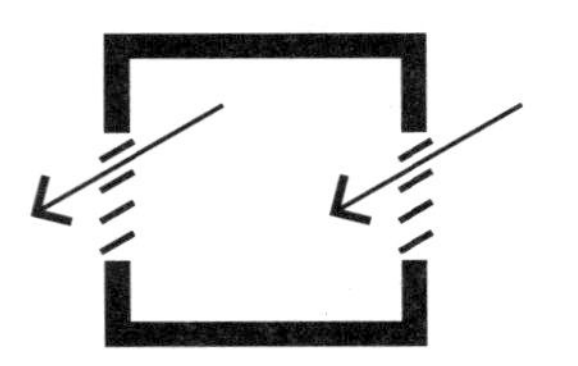

将建筑物的外壳视为作为**缓冲区**来调整光、风、雨和雪的影响。

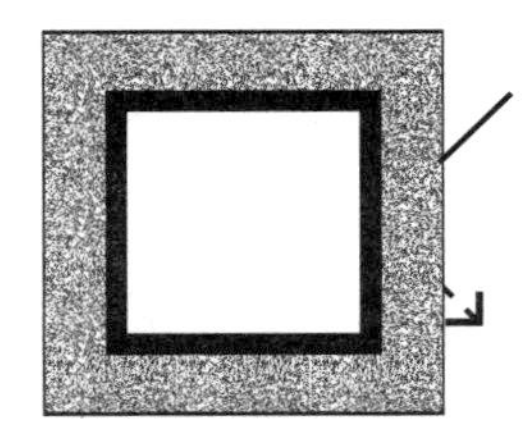

能够**自然地适应**室外空间的建筑物扩展外壳。

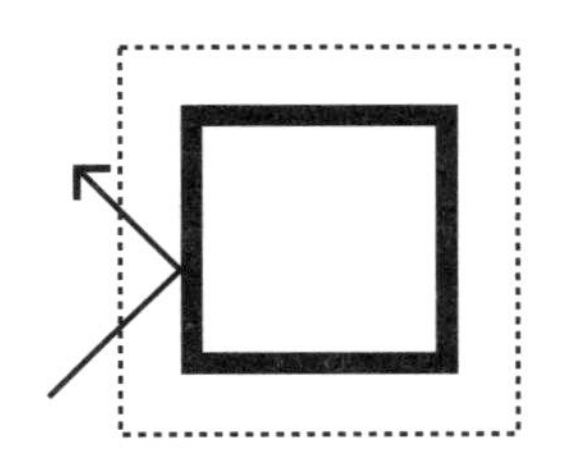

考虑用于**收集**天然的水和能源的系统。

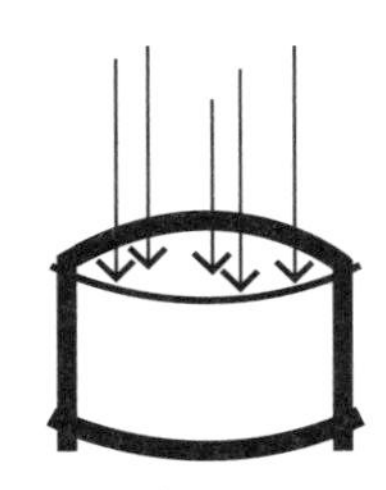

考虑如何在收集后**储存**水和能源，以便在需要时可以使用。

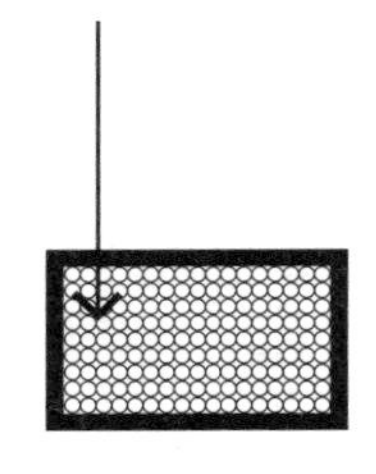

考虑水和能源的有效**分配**。

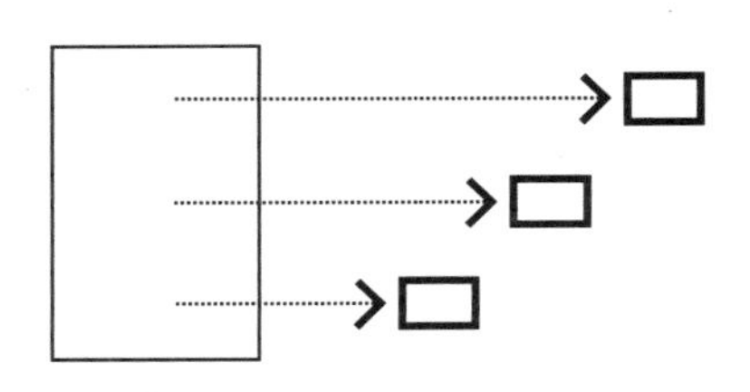

考虑能源的有效**转换**。

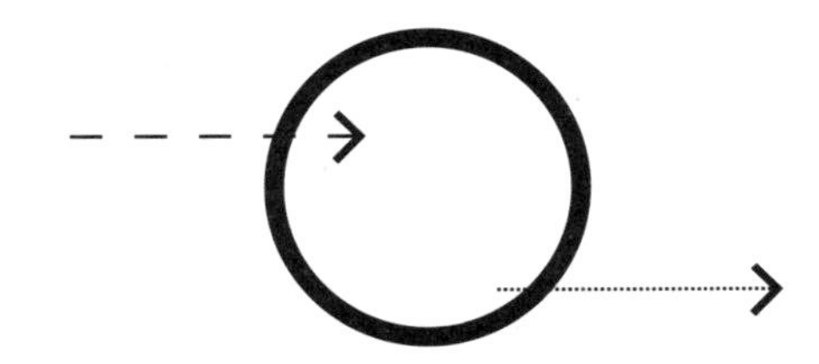

考虑**回收**多余的水和能源。

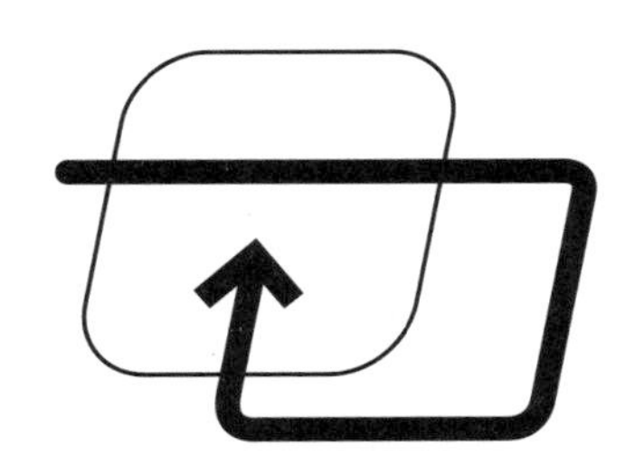

考虑建筑物的**维护**。

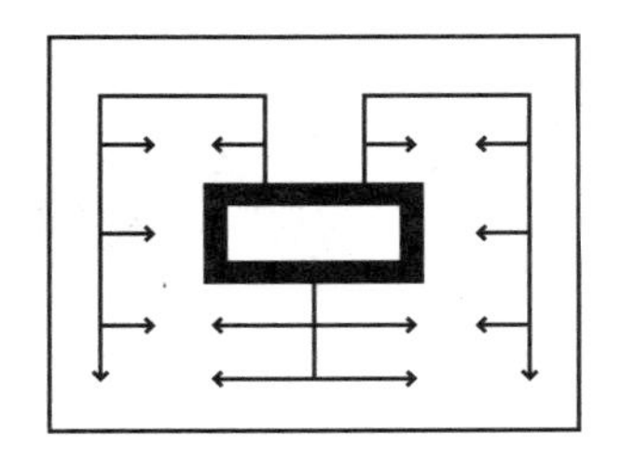

考虑维护的**最佳**财政效应。

考虑响应性强和**经过精细调整的控件**。

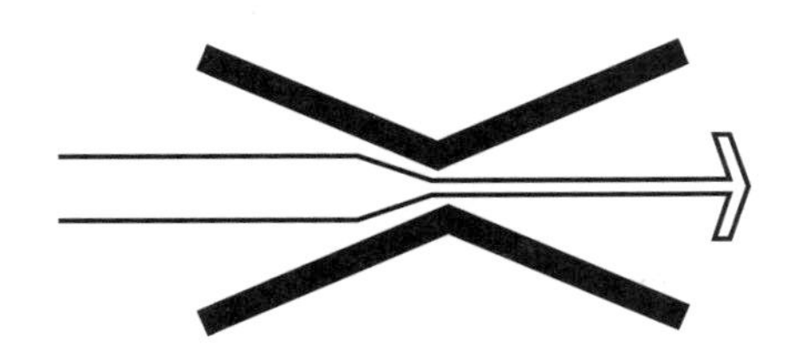

考虑建筑物运行的**监控**设备。

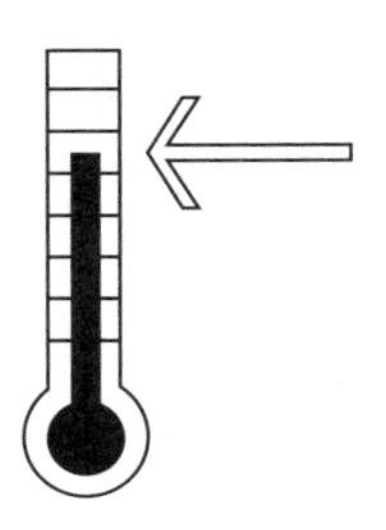

考虑**告知**住户如何有效地使用建筑物。

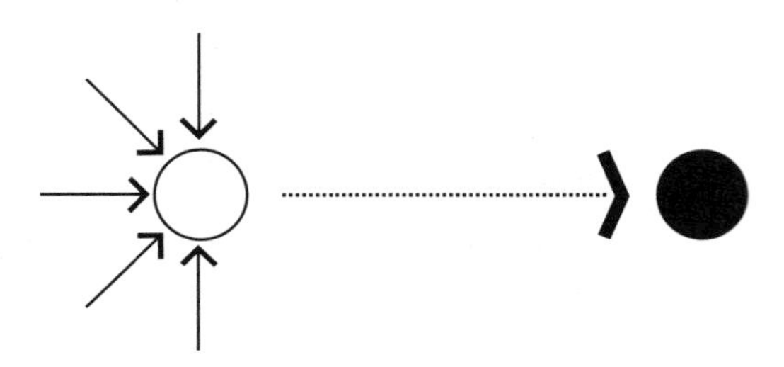

办公概念

办公：将知识应用于智力工作的过程；通过人员、信息技术和设施的整合来规划智力工作过程以实现组织的使命；在空间和时间层面上组织知识以完成智力工作。

办公概念：工作场所的想法，以方便人们参与场内或场外的办公活动。为了适应工作，需要整合人力资源政策、信息技术和设施。

场内办公概念

固定地址

这个概念指的是传统的工作环境：一个人被分配到一个工作空间。共享地址的概念是类似的，例如，一个办公室分配给两个或两个以上的人——双人占用。

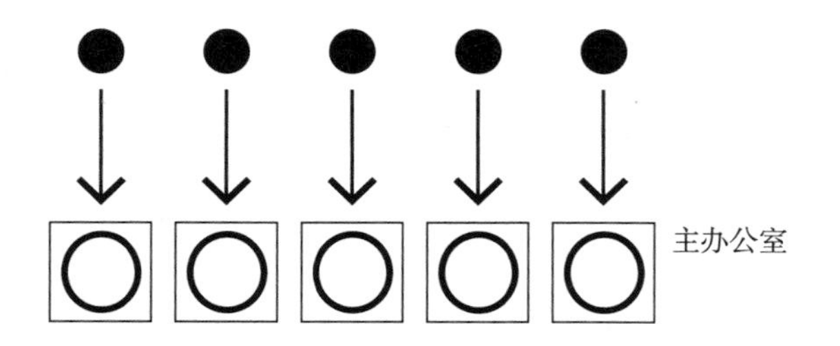

自由地址

此概念指的是未分配的工作空间，并按照先到先得的原则共享。旅馆式办公是指按预定时间表预定共享工作空间。

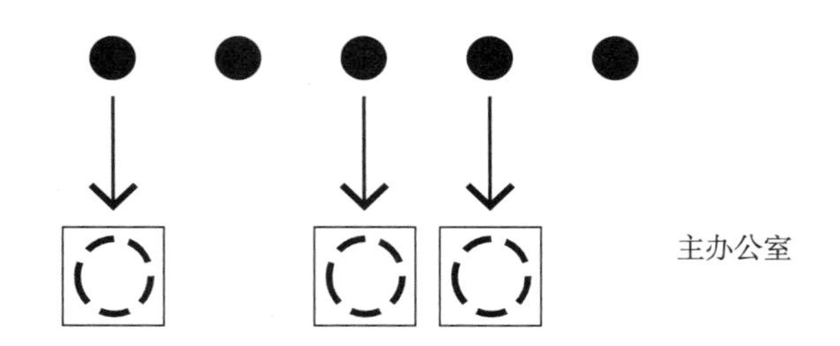

团队地址

这个概念指的是在指定时间段内使用的小组或团队工作空间。在团队区域内，根据需要（自由工位）或先到先得的原则为个人分配工作空间。

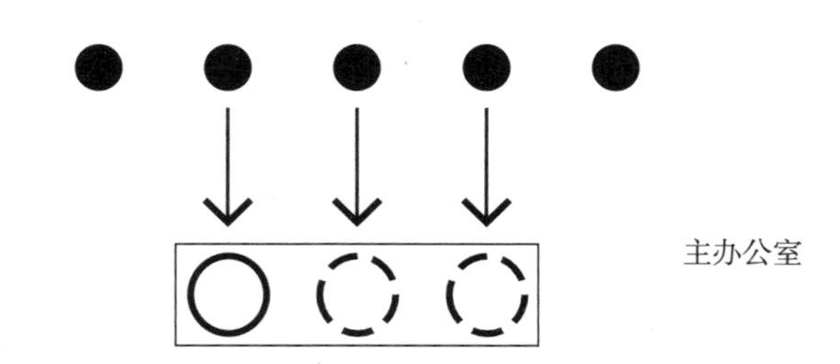

场外办公概念

驻外办公室

为员工提供方便的办公中心的目标促使驻外办公室

或远程办公中心的出现。这些场所提供的办公室靠近雇员住所或业主的场所，可供全职或临时使用。

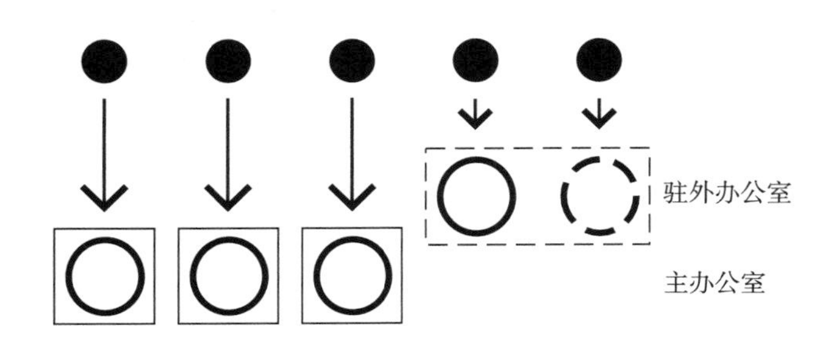

远程办公

这一概念指的是个人将其住所用作工作空间。电子通信和计算机技术结合使用，可以取代前往办公中心的通勤。

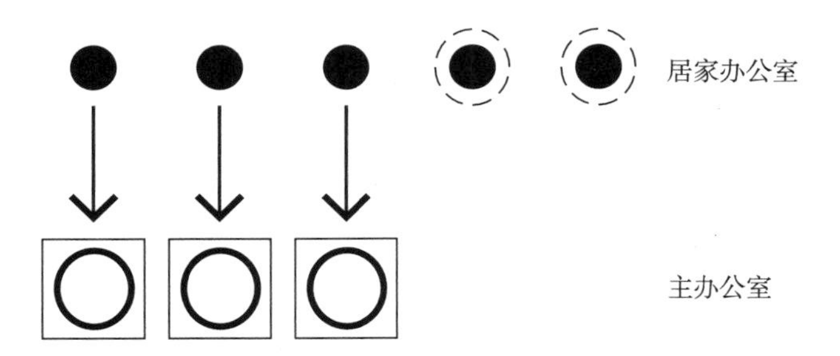

虚拟办公室

虚拟办公使用便携式计算机和通信技术，让个人可以在不同的环境中工作：在家里、在旅行时、在业主所在地、在酒店或在卫星办公中心。

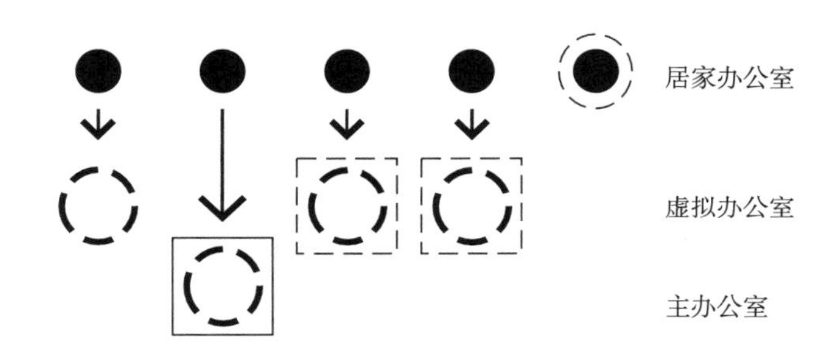

需求 On Needs

需求： 要求。必要的不可或缺或必不可少的东西或品质。

需要： 缺乏、渴望或希望得到的东西。

要求： 想要或需要的东西。

空间需求： 用于特定用途的各类空间的详细数量清单。

绩效： 完成或执行的事情。为符合约定要求而采取的行动。

性能要求： 为了满足使用者在生理、社会和心理环境等方面的独特需求而提出的要求。涉及空间的数量、质量和组织。

功能要求： 为了满足人们以方便、经济和有效的方式使用建筑而提出的要求。也涉及空间的数量、质量和组织。

人的要求： 为了满足人在生理、社会和心理环境方面的需要而提出的要求。这些需求一般表现为自我保护、身体舒适、自我形象和社交联系等——最初表现为具体的目标。

定义面积和测量面积的方法

建筑面积及其度量的定义取决于建筑师、设施经理或房地产专业人员使用这些定义和度量的目的。对于每个项目，细心尽职的策划者都应与业主一起核对该项目所采用的面积定义和度量标准。以下列举的标准分别适用于不同的项目目标。

《建筑面积的分类》*Classification of Building Areas*，出版号：1235，美国国家科学院，国家研究委员会，华盛顿特区，1964年。

《计算建筑面积和体量的方法》*Methods of Calculating Areas and Volumes of Buildings*，AIA文件D101，美国建筑师协会，纽约，1995年。

编号E1836/E1836M–09e1，《设施管理中测量建筑面积的标准规范》*Standard Practice for Building Floor Area Measurements for Facility Management*，美国材料试验学会，宾夕法尼亚州西康斯霍肯，2009年；www.astm.org。

《办公建筑：标准测量方法》*Office Buildings: Standard Methods of Measurement*，ANSI/BOMA Z65.1，国际建筑业主与管理者协会，华盛顿特区，2010年；www.boma.org。

《高等教育设施清单和分类手册》*Postsecondary Education Facilities Inventory &Classification Manual*，美国教育部，华盛顿特区，2006年5月。

建筑策划中确定总建筑面积的目的主要是预测新建建筑的规模，并为估算项目建设成本提供可靠依据。这里的规模指的是建筑总面积，即净可分配面积和未分配面积。

未分配面积占建筑总面积之比的分布

流线面积	0.160	0.180	0.200	0.220	0.260	0.300
设备空间	0.050	0.055	0.055	0.075	0.080	0.080
墙、隔断、结构	0.070	0.070	0.070	0.080	0.085	0.090
公共卫生间	0.015	0.015	0.015	0.015	0.015	0.020
清洁间	0.002	0.005	0.005	0.005	0.005	0.005
未分配的储藏室	0.003	0.005	0.005	0.005	0.005	0.005
未分配的面积	0.30	0.33	0.35	0.40	0.45	0.50

未分配面积：包括建筑中所有其他的空间，例如交通流线空间、设备空间、各种卫生间、传达室、未分配的储物空间，墙体和隔断所占面积等。表中用建筑总面积的百分比表示了未分配面积的分布情况。

毛面积：总建筑面积中减去净可分配面积后的剩余面积。毛面积包含下表中的未分配面积。

流线面积：包括内廊，有顶的外廊（按其上盖水平投影面积的一半计算）和“幽灵”走廊，指的是穿过可分配区域但未被定义的流线，例如穿过门厅空间的流线。流线面积是未分配面积中占比最大的部分。

主要流线：门厅、走廊，以及建筑规范要求在电梯、公共卫生间和建筑出入口之间的垂直交通空间。

次要流线：连接净可分配面积和主要流线的通道。

设备空间：建筑的供暖、通风、空调、电气、管道和通信系统所占用的面积。这些区域的面积大小因建筑类型而异。例如，办公楼中要满足规范的最低要求，设备空间面积要达到8%，才刚好可以放置供暖、通风和空调设备。相比之下，公司研究大楼的设备空间面积可达14%，因为它需要放置更复杂的机械系统以满足安全严格的环境控制要求。

墙、隔断、结构：结构墙，柱和分隔隔断所占的建筑面积。通常占总建筑面积的7%~9%。

公共卫生间：建筑规范要求公共洗手间面积占建筑总面积的1.5%~2%。

清洁间：放置各种清洁用品的空间。通常要求面积小于总建筑面积的0.5%。

建筑储藏室：各种建筑存储空间。通常要求面积小于总建筑面积的0.5%。

净可分配面积或净面积：容纳功能、设备、使用者或适用人群所需的面积。净可分配面积包括室内墙体、柱的投影面积。净可分配面积不包括室外墙、主要的垂直交通、建筑核心筒及服务面积、主要流线以及次要流线。

计算净可分配面积：测量至建筑外墙的内表面，围绕主要垂直交通、建筑核心筒和服务空间的完成面，以及分隔净可分配面积和次级流线空间的隔断的中线。

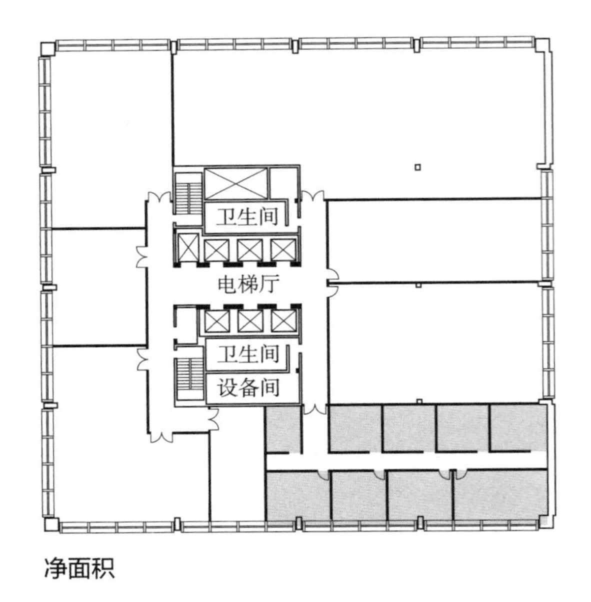

净面积

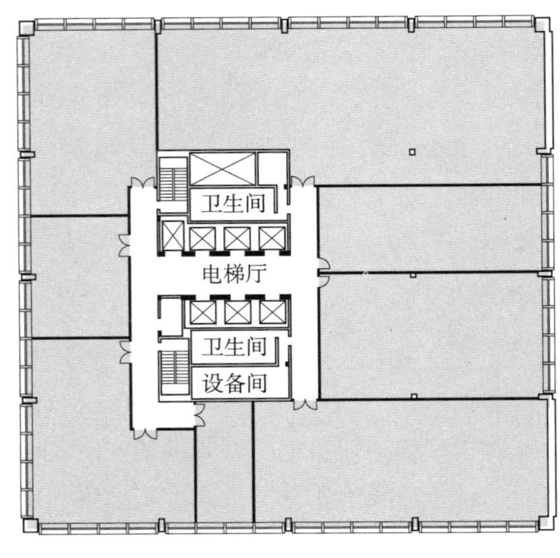

使用面积

可使用面积：分配给使用者或可供分配的建筑面积。可使用面积包括室内墙体、柱子及其投影，以及次级流线的净可分配面积。使用面积不包括室外墙体、主要的垂直交通、主要流线、建筑核心筒和建筑服务区的面积。

部门总面积：分配给使用者群体或一个部门的净可分配区域及所需的次级流线面积。与可使用面积的内容相同。

计算使用面积：测量至建筑外墙的完成面内侧，围绕主要垂直交通、建筑核心筒和服务空间的完成面，以及分隔相邻可用区域的墙中线。

可出租面积：可分配给租户的建筑面积，是计算租金的依据。该面积无论是租赁还是供业主使用，为与其他建筑比较提供了一致的准则。可出租面积包括可使用面积，建筑核心筒和服务区面积以及主要流线面积。它不包括主要的垂直交通面积，例如电梯井和楼梯所占用的面积。可出租面积的定义可能会依据特定租赁条款而有所不同。

计算可出租面积：测量至建筑外墙的完成面内侧，不包括楼层中任何的主要垂直交通面积。对于倾斜的墙体，根据楼层平面图进行测量。可出租面积还包括柱子和建筑投影的面积，不包括外墙和主要的垂直交通面积。

总建筑面积或总面积：建筑围护结构内所有楼层的面积之和，包括地下室、夹层和阁楼面积。

计算总建筑面积：测量至建筑外墙的外表面，不考虑延伸到墙面之外的檐口、壁柱和扶壁。地下室空间的总建筑面积要测量至地下室挡土墙的外表面。

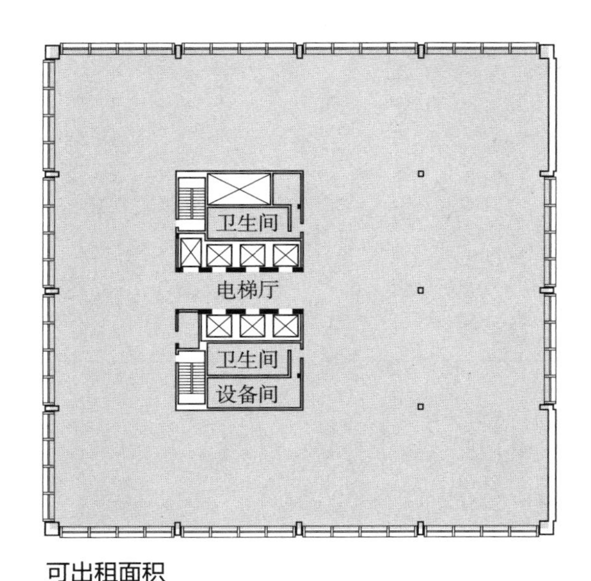

可出租面积

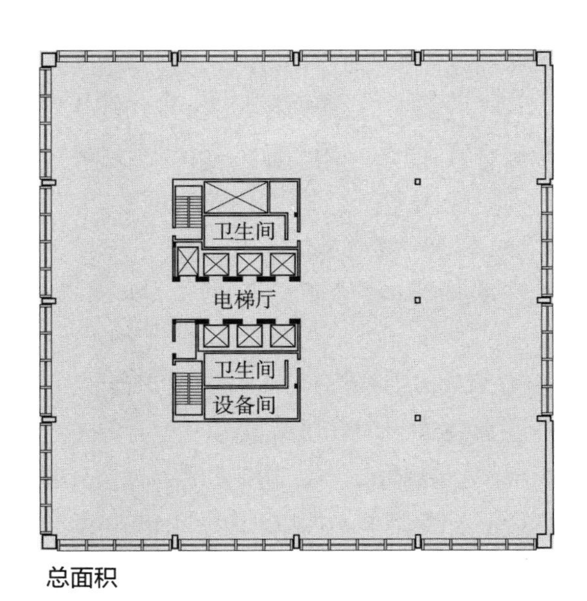

总面积

注意：2008年，国际设施管理协会（IFMA）更新了其测量标准，使用新版本的ASTM E 1836–08。规范不再使用“可出租”和“可使用”这两个术语，改用“室外总面积”“室内总面积”“可计划总面积”“可计划的”和“可分配的”。

建筑效率因子

建筑效率因子表示各个面积定义之间的关系。实际应用中不同的情况产生了多种类型的效率因子，下表展示了这些因子的定义和示例。效率因子之间存在数学关系，如下所示：

效率因子示例：

室内布局效率		基数建筑效率		整体建筑效率
0.61	×	0.84	=	0.51

整体建筑效率：占主导地位的空间大小、入住水平、流线需求和特殊设备要求的差异，导致各种建筑类型的整体建筑效率因子有所不同。

例如，当占多数的是小面积空间时，流线和分隔面积占总面积的比例将更大，这就导致大学行政楼的整体建筑效率只有55%。相比之下，在体育教学建筑中，大型体育馆流线和分隔面积的百分比很小，从而整体建筑

不同建筑类型	室内布局效率	基数	整体建筑效率
公司总部	.620	.80	**.50**
企业研发	.625	.80	**.50**
大学行政	.687	.80	**.55**
大学研发	.750	.80	**.60**
宿舍	.750	.80	**.60**
学生中心	.750	.80	**.60**
礼堂	.750	.80	**.60**
博物馆	.813	.80	**.65**
餐饮服务	.813	.80	**.65**
会议中心	.813	.80	**.65**
图书馆	.813	.80	**.65**
学术教室	.813	.80	**.65**
体育	.875	.80	**.70**
建设服务	.938	.80	**.75**
仓库	1.000	.90	**.90**

效率可达到70%。而大面积的观众区域需要较大的流线面积，其建筑效率系数将为65%~60%。

另一个例子是以可持续性为目标的建筑，需要使用可再生资源或回收建筑材料，因此需要特殊的设备或存储系统，这将使总建筑面积在传统建筑之上增加多达5%~10%。

业主和建筑师将建筑效率因子用作除数或乘数，上表将这两种情况放在一起比较。

整体建筑效率=净可分配面积/总建筑面积

总体建筑效率：用净可分配面积与总建筑面积之比的百分数来表示。在策划阶段，该因子可以根据净面积的需求来计算需要的总建筑面积。即，将净可分配区域的总和除以合适的整体建筑效率得到总建筑面积。该因子通常用于公共建筑和教育建筑的设计。

1/乘数=除数			1/乘数=除数		
1 / 1.25	=	**.80**	1 / .80	=	**1.25**
1 / 1.33	=	**.75**	1 / .75	=	**1.33**
1 / 1.42	=	**.70**	1 / .70	=	**1.42**
1 / 1.54	=	**.65**	1 / .65	=	**1.54**
1 / 1.67	=	**.60**	1 / .60	=	**1.67**
1 / 1.82	=	**.55**	1 / .55	=	**1.82**
1 / 2.00	=	**.50**	1 / .50	=	**2.0**

示例：整体效率为60%

净可分配面积60000/整体建筑效率0.60=总建筑面积100000

基础建筑效率=可使用面积/总建筑面积

基础建筑效率：用可使用面积与总建筑面积之比的百分数表示。在策划阶段，该因子可以根据可使用面积的需求来计算需要的总建筑面积要求。即，将可使用面积除以合适的建筑效率。该因子通常用于商业建筑的设计。

示例：建筑效率为80%

可使用面积80000/建筑效率0.80=总建筑面积100000

室内布局效率=净可分配面积/可使用面积

室内布局效率：用净可分配面积与可使用面积之比的百分数表示。在策划阶段，该因子可以根据净可分配面积的需求来计算需要的可使用总面积。即，将净可分配面积的总和除以合适的室内布局效率。该因子通常用于室内设计。

示例：室内布局效率为75%

可出租面积60000/室内布局效率0.75=可使用面积80000

R/U比值=可出租面积/可使用面积

R/U比值：用可出租面积与可使用面积之比的数值表示。R/U比率（有时称为“损耗因子”）可用来根据可使用面积的需求计算需要的可出租总面积。即，将可使用面积乘合适的R/U比值。该因子通常用于计算租赁协议中的可出租面积或进行财务分析。

示例：R/U比值为1.125（12.5%的损耗因子）

可使用面积80000 × 1.125=可出租面积90000

可出租面积90000/R/U比值1.125=可使用面积80000

基础建筑效率：通常，建筑设计会将建筑的外壳（外墙、地基和柱子）和建筑核心内容（主要流线、设备区域、公共卫生间、清洁间和建筑储藏室），与特殊使用功能的室内布局分开。当进行核心和外壳设计时，可将所需的可使用面积除基础建筑效率（通常为75%~85%）以确定总建筑面积。对于商业建筑，其外壳和核心的设计要基于满足业主财务目标的可出租面积。在这种情况下，将可使用面积乘以预估的R/U比值即可计算出可出租面积。

室内布局效率：在室内设计策划中确定面积时，可以估算可使用面积的大小，并为估算室内建设成本或

开放式平面	室内布局效率	基数	整体建筑效率
1. 流线			**0.36**
中学	0.33		
小学		0.08	
2. 机电		**0.03**	**0.03**
3. 墙体、隔断、结构			**0.07**
内部的	0.06		
数基		0.03	
4. 公厕		**0.02**	**0.02**
5. 储藏		**0.01**	**0.01**
未分配区域	**0.39**	**0.17**	**0.49**
净分配面积	**0.61**	**—**	**0.51**
可用面积	1.00	**0.83**	**—**
建筑总面积	—	1.00	1.00

封闭式平面	室内布局效率	基数	整体建筑效率
1. 流线			**0.32**
中学	0.24		
小学		0.10	
2. 机电		**0.07**	**0.07**
3. 墙体、隔断、结构			**0.07**
内部的	0.08		
数基		0.05	
4. 公厕		**0.02**	**0.02**
5. 储藏		**0.01**	**0.01**
未分配区域	**0.32**	**0.25**	**0.49**
净分配面积	**0.68**	**—**	**0.51**
可用面积	1.00	**0.75**	**—**
建筑总面积	—	1.00	1.00

典型开放平面布局

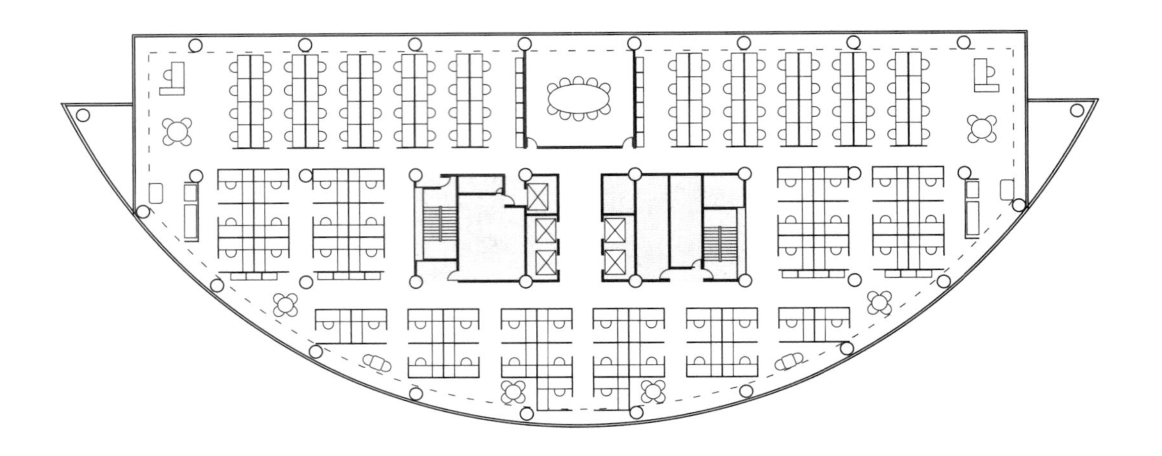

典型封闭平面布局

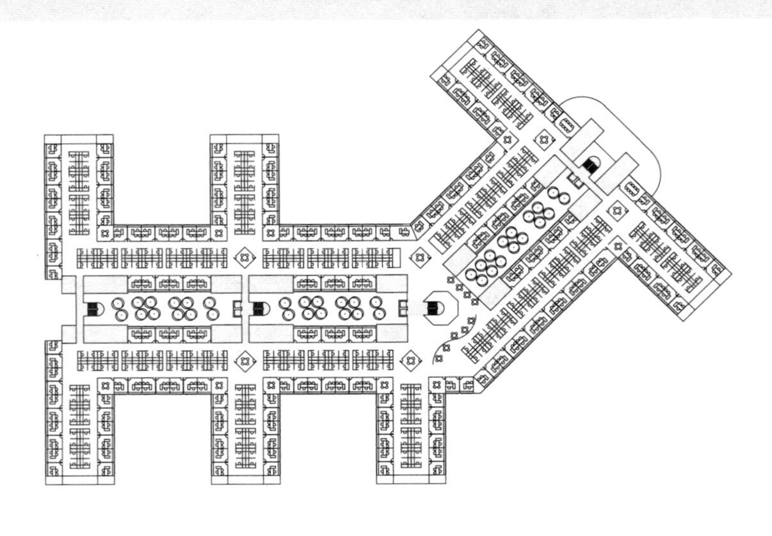

*Drawings are not to scale

“租户装修”的预算提供可靠的依据。如图所示，布局效率因不同的办公理念而有所差别。例如，封闭式办公的布局效率可能需要70%，而开放式办公的布局效率可能会在60%~65%的范围内变化，具体取决于净可分配面积的大小和次级流线的面积。又或者，业主可能已经确定了可出租面积的大小，策划的任务是确定要进行内部空间设计的可使用区域。在这种情况下，可将可出租面积除预估的R/U比值得到。

成本估算分析

新建建筑的成本估算分析必须尽可能全面和切合实际，可以清楚地说明所需总预算中的各项内容。策划者确定项目的净可分配总面积之后，不难找到一个合理的效率系数，然后就可以计算总建筑面积。将总建筑面积乘实际单位成本即可估算出总建筑成本（附图中的A行），在此基础上可以估算出各分项条目的成本。

成本估算分析

A. **建筑成本**	200000GSF@$135.00/GSF	27000000美元
B. **固定设备**	A的8%	2160000美元
C. **场地开发**	A的15%	4050000美元
D. **施工总造价**	A + B + C	33210000美元
E. **土地购置/拆迁**		500000美元
F. **活动设备**	A的8%	2160000美元
G. **专家咨询费**	D的6%	1992600美元
H. **应急费**	D的10%	3321000美元
J. **管理费**	D的1%	332100美元
K. **总预算**	D加E至J	41515700美元

对于策划者来说，更明智的做法是在空间策划确定总建筑面积之前，就从可用资金入手，即总预算（K行），然后反推计算建筑成本（A行），从而初步得到满足总预算的总建筑面积。

以下公式用于从K行（所需的总预算）反推到A行（建筑成本）。

$$\text{建筑成本} = \frac{(\text{总预算} - \text{场地获取费用})}{(X + Y + Z)}$$

X = 1+ (__% 固定成本 *) + (__% 场地开发 *)

Y = (X) [(__% 应急费用 *) + (__% 专业费用 *)
+ (__% 管理成本 *)]

Z = __% 可移动设备 *

* 百分比表示如下 : 15% = .15.

A. **建筑成本：**包括建筑外轮廓线外扩5英尺（1.52m）内的所有建设成本，建筑规范要求的所有项目（灭火器柜、火灾报警系统等），以及建筑中各种常见的项目（例如饮水机）。

B. **固定设备：**包括所有可能在建筑完工前进行安装的设备，以及施工合同中涵盖的设备，例如储物柜、餐饮服务设施、固定座椅、固定医疗设施、安保设施、舞台设备、舞台灯光等。

C. **场地开发：**包括用地红线至建筑外轮廓线线外扩5英尺（1.52m）范围内的所有工作，即场地平整、设工地围栏、通电、通路、停车场建设、基础设施建设、景观开发、运动场地建设、步行道建设、场地照明、街区公共设施、现场制图、场地污水处理设施以及异常地基条件处理。

D. **施工总造价：**表示建设施工的总预算，通常也是合同文件中的基础投标金额。

E. **土地购置/拆迁：**购买项目场地和/或拆除场地内既有建筑物、构筑物的预算资金。

F. **活动设备：**此类别包括所有活动设备和家具，但不包括运营设备（例如用运营资金购买的显微镜、图书馆书籍等）。

G. **专家资询费：**建筑和工程服务费用及顾问服务费用。

H. **应急费：**已计入总建筑成本的一部分、用作规划额外费用、投标额外费用和施工准备金（出现变更单等情况）。

J. **管理费：**规划过程业主负责的项目，即法务费用、场地调研、地质勘查、保险和材料测试等费用。

K. **总预算：**建设新项目或改造项目部分所需的总预算。各法人代表可能分别负责不同的单项预算或其工作成本。对于项目中的每一个利益相关者来说，明确并理解他所负责工作的成本是非常重要的。

单项成本分配

使用之前的项目成本百分比来计算所需的总预算（K行）。下表中列出的各项成本所占百分比是根据不同建筑类型、现有条件和其他因素给出的一个变化范围。

成本估算分析清单

A. **建筑成本：**		
建筑总面积	×单位成本	= 建设成本
200000GSF	×135美元/GSF	=27000000美元

B. **固定设备**	**在A项中占比**
低	5%
中	10%~15%
高	20%
很高	30%
C. **场地开发**	**在A项中占比**
低	5%
中	10%~15%
高	20%
很高	30%
D. **施工总造价**	**A+B+C之和**
E. **土地购置/拆迁**	
差异很大	一次性总付金额
F. **活动设备**	**在A项中占比**
低	5%
中	10%~15%
高	20%
G. **专家咨询费，包含顾问**	**在D项中占比**
存在差异	5%~10%
H. **应急费**	
低	5%

续表

中	10%
高	15%
J. 管理费	**在D项中占比**
存在差异	1%~2%
K. 总预算	**D+E+F+G+H+J之和**

项目编号		描述
A		**建筑成本**
	A1.	新建和改造的、一般性项目、设备的、电力的
	A2.	预备费
	A3.	建筑规范更新
	A4.	销售税
	A5.	能源与环境设计先锋奖（LEED）认证要求
B		**固定设备**
	B1.	例如厨房设备、案台、橱柜（不包括医疗、加工或除实验台以外的实验室设备）
	B2.	安装业主提供的设备和家具
C		**场地开发**
	C1.	建筑红线外5英尺（1.52m）范围内的基础设施
	C2.	景观开发、场地平整、场地污水处理、通电
	C3.	挂牌
	C4.	拆除
	C5.	场外基础设施
	C6.	危险材料、废物清除、补救
	C7.	土壤修复

续表

项目编号		描述
D		**A+B+C=总施工成本**
E		**土地成本**
	E1.	面积
	E2.	场地内建筑
	E3.	路权及通行权
	E4.	转让税
	E5.	限制性条款
F		**活动设备和家具**
	F1.	医院设备——第一组
	F2.	主要的移动设备——第二组
	F3.	次要的移动设备——第三组
	F4.	仪器——第四组
	F5.	家具和装饰——第五组
	F6.	床栏和其他窗户相关
	F7.	装饰地毯（还有建筑施工中所需的地毯）
	F8.	室内景观
	F9.	电话系统
	F10.	通信系统（传呼机等）
	F11.	电脑、数据线
	F12.	安保设施
	F13.	艺术作品
	F14.	其他未包含在建筑合同中的固定设备
G		**专家咨询费，包含顾问费**

续表

项目编号		描述
	G1.	建筑师、工程师费用
	G2.	景观设计师
	G3.	土木工程
	G4.	建筑策划
	G5.	厨房或其他特殊需求顾问（声学、海洋学、环境学等）
	G6.	室内设计师
	G7.	应急费用和其他顾问费补偿
	G8.	调研 土地 基础设施 建筑 交通 环境或其他影响
	G9.	视察、审查和检测（混凝土、钢结构、同行评审、第三方检查建筑围护结构、土壤等）
	G10.	地下调查分析
	G11.	可行性顾问
	G12.	法务或其他特殊服务
	G13.	现场代表
	G14.	项目经理
	G15.	施工管理施工前费用和可补偿费用
	G16.	调试费
	G17.	建筑围护结构策划
	G18.	商业伙伴
	G19.	工程经济服务
	G20.	能源与环境设计先锋奖（LEED）顾问

续表

项目编号		描述
J		**管理成本（费用、税、许可费）**
	J1.	建设方风险保险
	J2.	特殊保险（美国铁路保护保险、伞式责任保险等）
	J3.	基础设施连通费
	J4.	租赁费——建筑，临时或永久设备
	J5.	办理许可证——规划、建筑
	J6.	开发影响费和评估费
	J7.	营业税
	J8.	总报税
	J9.	债券和代管要求
K		**D+E+F+G+H+J=项目总预算**
	K1.	财务成本 a．施工贷款利息 b．债务偿还准备金或受托基金 c．债券支出 d．按揭点数 e．租赁佣金 f．广告营销 g．启动阶段负现金流
	K2.	其他成本 a．搬运费用 b．临时和永久的拆迁安置费 c．损坏补偿支出 d．再生产成本 e．模型制作费 f．动工奠基和落成典礼支出

建筑成本的组成部分

使用统一分类时，建筑成本（A行）的组成部分包括：

A1. **基础：**墙、柱基和承台，以及特殊条件。

A2. **地下结构：**地面板、地基开挖、结构墙。

A3. **地上结构：**地板、屋顶、楼梯结构。

A4. **围护结构：**外墙、百叶窗、幕墙、阳台墙壁、拱腹、门、窗户。

A5. **屋面：**屋面覆盖层、交通铺面、路面膜、屋面保温层、填充层、防水层、天窗。

A6. **核心饰面和内部装修：**隔断、内部饰面、特殊物件(例如储物柜、马桶配件、柜台、厨柜、壁橱)。

A7. **设备：**给水排水、暖通空调、消防、特殊系统。

A8. **电气：**配电、照明和电源、特殊电气系统。

A9. **输送系统：**电梯、移动的楼梯和步道、食梯、一般建筑项目。

A10. **一般情况和收益：**现场调动、场地管理、遣散、办公开销、利润。

表格展示了合理优质的办公楼建筑成本组成。表格在基础的单位成本和室内装修成本之外还给出了建设总成本。室内装修的单位面积成本除以基础建筑效率就可得到可使用面积的单位面积成本。

例：
45.02美元/每平方英尺总面积/基础建筑效率
=56.35美元/每平方英尺使用面积

建筑系统设计标准：用于评估和选择建筑系统的标准，这些标准明确了建筑系统的功能特征，以满足质量等级的要求。

建筑系统：按专业分类的建筑各组成部分，例如建筑、结构、设备、电气和给水排水。

为了进行深入的策划，业主或使用者通常会为整个建筑或每种空间类型选择建筑系统设计标准。分配的单位成本应达到建筑系统性能标准的要求。例如，暖通空调覆盖区域越小，舒适度控制的力度就越大，这样就需要更多的机械设备来实现这一性能，增加单位成本，如表中所示。较高的初始成本还可能会使运营更高效，从而带来生命周期成本收益，并实现项目的可持续性目标。

性能标准	暖通空调覆盖区域	空调分布 美元/每平方英尺总面积
低位控制	3000平方英尺	8美元
中位控制	1000平方英尺	14美元
高位控制	300平方英尺	45美元

	建筑整体（美元/每平方英尺总面积）	建筑基础（美元/每平方英尺总面积）	室内装修（美元/每平方英尺总面积）	基础建筑效率	室内装修（美元/每平方英尺使用面积）
A1．基础	3.75美元	3.75美元			
A2．地下结构	16.50	16.50			
A3．地上结构	18.00	18.00			
A4．围护结构	19.00	19.00			
A5．屋顶	7.00	7.00			
A6．核心或室内装修和安装	32.5				
地下室		6.75			
室内装修			25.75	0.8	32.20
A7．机械设备	27.00				
地下室		19.30			
室内装修			7.70	0.8	9.65
A8．电力	20.50				
地下室		13.40			
室内装修			7.10	0.8	8.90
A9．传输系统	3.75	3.75			
A10．一般性条件和收益	16.02				
地下室		11.55			
室内装修			4.47	0.8	5.60
A项单位成本 *基于2010年成本数据	164.02	119.00	45.02	—	56.35

室内成本估算

室内装修通常被认为是新建项目的租户负责的部分，或是对既有室内空间进行的改造。室内装修的参考面积通常会忽略建筑的核心筒和外表皮构件，因此只参考可使用面积。策划者用可使用面积代替总面积，来作为计算A行单位成本的基础参数。

例：
A行室内装修
可使用面积×单位成本=室内装修成本
100000平方英尺×32美元/每平方英尺=3200000美元

对于新建建筑，租赁空间一般只装有空调送风系统，即分到每个空间的散流器，除此之外没有其他安装。照明设备可能会堆放在地板上。租户装修的范围通常包括安装隔墙、门、橱柜，粉刷墙饰面，安装咖啡吧或私人洗手间的专用给水排水管道，调整消防喷头的位置，安装供暖、通风和空调的分布系统，增加排气或冷却系统，安装照明设施、配电、预留电信线路和固定设备。实际装修的内容可能更多。

室内装修的成本会根据封闭空间与开放空间的比率，饰面的质量和建筑系统的性能水平而有所不同。请参阅以下用于室内装修的内容清单。对于拥有最少封闭空间的开放式办公空间来说，室内装修的成本就会低一些。

室内装修成本 基于2010年成本数据		开放平面	封闭平面
A6a.	隔断 石膏板、混凝土砌块单元、屏风和釉面的	5.20	11.15
A6b.	门 实木、空心金属、带框架和五金件的玻璃	3.00	6.00
A6c.	饰面 地板、墙体和顶棚	0.75	3.00
A6d.	案台 办公室书架、储藏室、私人卫生间、工作台面和咖啡吧	0.75	3.00
A6e.	特殊 黑板、布告板、视听设备、活动地板、绘图设备、储物柜和洗手间设施	0.75	1.50
A7a.	管道 私人卫生间、咖啡吧水池、设备连接	0.75	1.50
A7b.	防火 消防喷淋头安装	0.40	0.75
A7c.	设备 配风、冷水或热水分配、风机盘管机组、计算机空调和特殊排气管道	5.25	7.40

续表

室内装修成本 基于2010年成本数据		开放平面	封闭平面
A8a.	电力 照明安装、特殊照明、配电、火灾警报修改、公共广播和安保	5.25	7.25
A8b.	通信设备 电话和预留数据布线或其他设备	1.10	1.45
A10.	一般性条件和收益	3.20	5.60
A项每平方英尺使用面积单位成本		32.45	56.35

相比之下，封闭式办公空间拥有更多固定隔墙、工作台和墙体饰面，因此装修成本会更高。尽管对于A行中的单位成本来说，开放式空间平面比封闭式空间平面低，但开放式平面用于活动设施（F行）的成本可能会更高，以购置开放式布局中的各种家具。

单位可使用面积的室内装修成本在12.00~100.00美元甚至更高。质量等级也将决定单位成本的变化范围。在租赁协议中，房东可提供承租人合同津贴（工作信用额度），用于支付室内装修的费用，这个费用通常基于经济型的装修质量等级，可以满足使用标准建筑系统和材料。如果承租人不使用标准质量等级，实际的室内装修超出了所提供材料的质量等级和范围，则承租人必须自行支付超出费用。下面一节将详细介绍质量等级。

场地开发成本

场地开发成本（C行）取决于建筑类型的需求，场地的位置和特性以及开发的质量等级要求。场地开发成本达到A行建筑成本的5%为低级水平，10%~15%为中级水平，20%为高级水平。特殊情况场地开发成本可达建筑成本的30%，这适用于一些特殊条件，例如岩石开挖、极陡的斜坡地段和高强度的开发需求。可以对照下边的表格进一步制定详细的成本估算。

场地开发成本 基于2010年成本数据	
C1.	场地准备 估算1%~3%的建设成本
C2.	停车 地面停车： 允许每亩停放125车 =350~400平方英尺/车 估算总额 =1200~1500美元/车 停车楼： 允许280~325平方英尺/车 估算总额 =12000~15000美元/车
C3.	通路 估算每300m的总成本
C4.	人行道和平台 估算1%~7%的建设成本
C5.	墙和屏幕 估算0.5%~2.5%的建设成本
C6.	室外运动设施 估算每单位设施和每种类型的总成本
C7.	场地内基础设施 估算1%~3%的建设成本
C8.	场地外基础设施 估算1%~5%的建设成本
C9.	暴雨排泄 估算0.5%~5%的建设成本
C10.	景观 估算1%~2%的建设成本
C11.	室外设备 估算总额
C12.	室外照明 人行道照明按1%的建设成本估算，停车照明按每辆车估算总成本

建筑质量（品质）等级

建筑成本（成本估算分析的A行）取决于：（1）总净面积（所需空间的总和）；（2）合理建筑空间效率，即净面积与总面积之比；（3）达到中级施工的每平方英尺成本。其中，每平方英尺成本即单位成本通常与建筑质量有关。

质量的类型： 每平方英尺成本的确能代表材料、建筑系统和施工的质量，即建筑构造的质量。但总净面积和建筑效率同样可以说明质量的某些方面——分别代表功能和空间上的品质。

质量的级别： 在详细介绍质量的类型之前，探讨质量不同的级别是有帮助的。显然，建筑师和业主必须就项目预期达到的质量等级达成一致。业主必须意识到有各种各样的等级可供选择。

与汽车进行类比

让业主明白不同的质量等级的一种有效的方法是和汽车进行类比。无需参考专业人士的详细分析，业主就知道大众甲壳虫汽车和劳斯莱斯汽车在质量上的差异（朴素和一流的品质差异）。

为了不使用商品名称，表中根据六个品质级别将建筑和汽车进行类比：

汽车	建筑
超豪华	一流的
豪华	高级的
大型	优秀的
中型	适中的
小型	经济的
超小型	朴素的

图中显示了汽车的单位成本与质量等级之间的关系。其中单位成本数据来源于一本消费者出版物，并指出了每个类别中的“最佳购买”。请注意，除了最后两个等级外，不同等级间单位成本的差异都是渐进的。超豪华等级实际上还只显示了其单位成本潜力的三分之一。

将两者进行类比的目的是：汽车和建筑在质量等级上具有相同的等级范围。决定它们质量等级的因素也是相似的：（1）材料、系统和构造；（2）功能和性能；（3）空间品质。业主和策划者必须了解各个质量等级，也要就可用资金能实现的质量等级达成一致。

效率和品质：宽敞度（空间感）是体现建筑品质的一个方面，它与整体建筑效率成反比。因此，预测并设定一个合理的建筑效率是很重要的，这有助于达到预期的质量等级。

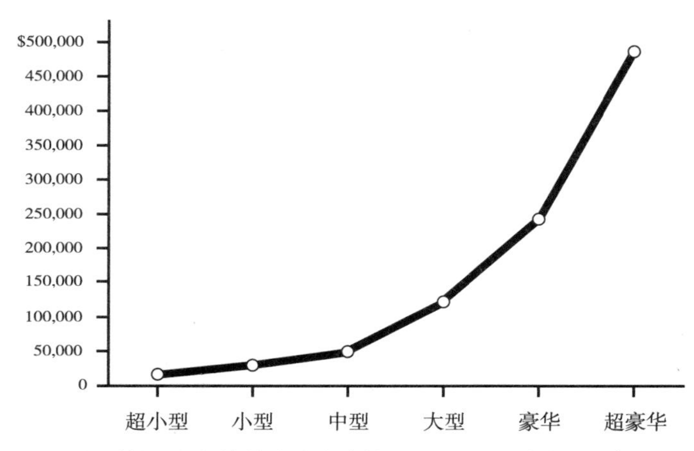

质量等级/汽车的单位成本（基于2010年的成本数据）

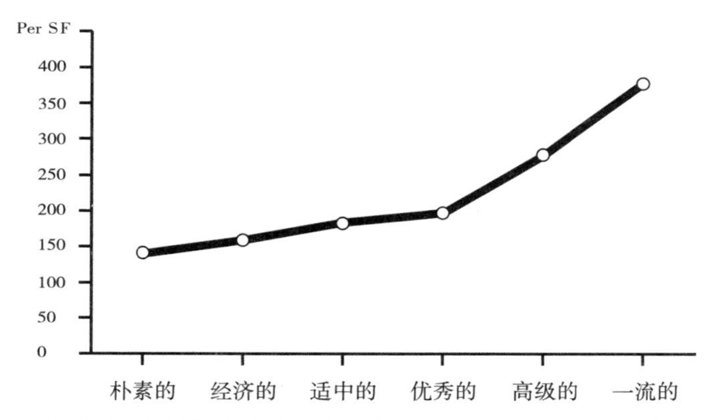

质量等级/市民礼堂的单位成本（基于2010年的成本数据）

例如，影响市民礼堂的建筑品质的因素之一是平面效率。市民礼堂如果要体现社区尊严，建筑效率肯定会达到50%的建筑净面积与50%的未分配面积。相反，如果市政礼堂仅用作必要的功能设施，那么总体效率能达到70%。

等级标尺的两端是一流的建筑和朴素的建筑，用这个标尺可以对预期的品质和为达规划目标假定的合理效率做一个价值判断。进一步的，这个标尺可以扩展成种类齐全的品质等级标尺，而不只适用于同一建筑类型。

对于大多数建筑类型，使用六个级别应该是比较合适的。但是，它们使用的六个等级可能不完全一样，或者可能超过六个等级。例如，建筑服务设施由于构件较少以及有仓储的优势，其建筑效率至少达到90%。

为了向业主清楚地展示不同效率因子对质量等级的

影响，策划者应该对现有楼层平面进行面积估算，并用画图的方式说明是如何测量面积。

建筑品质：单位成本（例如每平方英尺成本）这个数字代表的是建筑的品质。单位成本包括建筑、结构、电气、给水排水和设备等工程，但不包括场地开发成本和固定设备成本。

平均单位成本通常根据不同施工类型或消防规范中防火等级规定的不同建筑类型来确定，但这些平均单位成本仅代表每种建筑类型的标准建筑质量等级。标准质量等级意味着具有标准等级的施工，良好的机械性能、电气设施和适中的饰面材料。这些平均单位成本有利于控制成本从而获利；但在策划时，策划者很有必要了解更多等级的单位成本，而不仅是代表全国平均水平的单位成本。

表中展示了从朴素到一流六种质量等级的单位成本。该表是一个启发式的工具，可以根据它为项目找到合适的质量等级并全面了解其他等级的单位成本。全国平均水平通常涵盖三种以上的单位成本，多数情况下位于价格范围的较低端。质量等级取决于施工、机械和电气设施，以及内饰面和外饰面所选取的等级。

市民礼堂的范围可从供社区使用的高中礼堂到艺术表演礼堂。因此，礼堂的单位成本对应着较广的质量等级范围。

办公空间也涵盖多种类型：低层办公空间、高层办公空间、医院诊室、市政府办公室等。大多数行业资源可提供三~四个质量等级的数据，但是对于想要更高或更低等级的业主，表中提供的数据可供六个等级的选择。

建筑类型	朴素的	经济的	适中的	优秀的	高级的	一流的
	（美元/平方英尺）	（美元/平方英尺）	（美元/平方英尺）	（美元/平方英尺）	（美元/平方英尺）	（美元/平方英尺）
市民礼堂	144	162	181	199	271	379
研究实验室	188	220	253	313	376	489
刑事司法中心	135	162	208	244	271	316
医院	162	187	193	233	254	335
办公楼	72	99	126	172	244	307
图书馆	108	126	144	162	209	289
市民中心	117	135	153	172	199	289
教育设施	75	104	122	141	157	217
仓库	44	42	62	114	87	122

数据来源于2010年12月全国每平方英尺总建筑面积的大致平均单位成本。

三种广泛使用的成本信息来源包括：

《RS Means平方英尺成本》*Rs Means Square Foot Cost*，年刊，RS Means CMD集团，马萨诸塞州金斯顿。

《设计成本数据》*Design Cost Data*杂志。DC&D Technologies，Inc.，佛罗里达州坦帕市。

《建筑设计与施工》*Building Design and Construction*杂志，伊利诺伊州德斯普兰斯Cahers出版社。

对于教育建筑而言，教育水平的高低对应着不同的建筑单位成本：小学、中学、社区学院和大学建筑。通常，仓库的单位成本处于较低的价格区间，因为它们在施工、服务设施和装饰材料方面都不会选用高质量级别；但也有例外。

各个国家的组织机构会根据每个国家和每个城市的国家平均水平，区域修正值或地理位置因素发布单位成本数据。

城市	位置系数
亚特兰大	88.8
波士顿	117.2
芝加哥	116.0
达拉斯	85.2
丹佛	94.3
休斯顿	86.9
堪萨斯城，堪萨斯州	97.1
洛杉矶	112.3
纽约	135.2
奥兰多	87.4
费城	110.8
菲尼克斯	91.2
旧金山	125.7
西雅图	105.4
圣路易斯	101.5

例：

以126美元为基准，堪萨斯州的堪萨斯城每平方英尺建筑总面积为：

97.1/100 × 126美元 =122.35美元

要针对特定项目位置调整特定建筑类型的单位成本（基于全国平均水平），可将单位成本与位置系数除以100的值相乘（平均位置系数）。

例：

按每年8%的通胀率，2年后到达施工中期的单位成本为：

122.35美元 ×（1+0.08）^{2}=141.93美元

此外，鉴于通货膨胀的影响，单位成本数据可能会过时。因此，有必要将调整后的单位成本按预计到施工中期的年数，以每年合理的比例上调。

功能充分性：六个质量等级也适用于评价建筑功能的充分性。从理论上讲，功能的充分性是指每单位总净面积。而实际上，参考的大多是每单位建筑总面积。虽然这样会增加比较的难度，因为每个建筑的效率是不同的。不管怎么说，每单位面积旨在说明每单位的服务和供给水平。以下是一些示例：医院里平均每床的建筑面积、高中或大学中每个学生的人均建筑面积，以及礼堂平均每个座位的建筑面积。

一所可容纳1500名学生，整体建筑效率为65%的高中，按朴素等级标准学生人均面积能有120平方英尺（$11.1m^2$），但没有礼堂和体育馆。按照适中等级标准学生人均面积能有140平方英尺（$13.0m^2$），但专业教室面积有限。按一流等级标准学生人均面积能有200平方英尺（$18.6m^2$），这时可以提供许多社区需要的继续教育教室。学校的学生容量是（影响人均面积的）重要因素，但与核心服务设施（的承载力）有关。

能容纳1000名学生的高中相比能容纳2000名学生的高中，人均建筑面积可能更大。

相似的，礼堂的质量等级范围也很宽泛，同样是2500个座位的礼堂，平均座位面积从20平方英尺（$1.9m^2$）的朴素等级到90平方英尺（$8.4m^2$）的一流等级不等。同样，容量是一个重要的因素。500个座位的礼堂可选的等级范围更广——平均座位面积更大。表中显示了每座位20平方英尺到90平方英尺的变化范围。每个座位20平方英尺的朴素级别可以容纳有限的大厅、办公室、仓库、舞台和后台设施。随着质量等级的提高，可容纳的设施也将增加，甚至可容纳公共餐厅。

建立质量等级

根据与汽车进行类比的方法，可将六个质量级别作为一种启发工具，扩大常规使用的较窄的质量级别范围。这有助于为项目确定合适的质量级别，从而使业主和设计师在众多质量等级要求中朝着同一个合适的级别共同奋斗。这种方法可以防止类似大众甲壳虫汽车车身与劳斯莱斯汽车发动机在一起完全不匹配的情况，尽管为了平衡预算有些地方可能会不一致。

表中是市民礼堂的示例。可以看出，总预算少意味着单位成本低、平均座位面积小，反过来也会影响整

容量范围为2000~3000座的市民礼堂

等级标准	朴素的	经济的	适中的	优秀的	高级的	一流的
面积/座	20平方英尺	25平方英尺	30平方英尺	40平方英尺	60平方英尺	90平方英尺
整体建筑效率	70%	67%	65%	60%	55%	50%
每平方英尺成本	96美元	108美元	120美元	132美元	180美元	252美元

体建筑效率。将朴素质量级别和高级质量级别的数据进行对比可以发现，功能的充足性增加（增加比例为1：3），整体效率提高（增加比例为1：1.27），建筑成本也有所增加（增加比例为1：1.875）。

建筑改造

改造项目变得越来越受欢迎，设计公司的任务也在发生着变化，因为很多既有建筑被弃置或无法满足新的使用需求，还有一些设施被闲置。因此，我们自然会认为，这些建筑相比新建建筑可以进行更简单经济的改造。但事实上改造项目可能会非常复杂并且昂贵。它的范围可以从简单的开放式办公空间翻新到整栋老建筑的改造再利用，前者几乎不改动建筑结构和公共设施，后者旧建筑可能无法满足规范要求，或需要减少有害物质。

建筑改造成本与建成时间直接成正比。旧建筑改造昂贵的原因包括先前的使用、楼层高度、机械、电气和给水排水系统、能源效率、结构承载力、抗震法规，以及建筑安全寿命限制和无障碍设施导则要求。

如果旧功能不容易改造成新功能，那么期望实现的平面布局效率越低，项目成本就越高。如果既有的公共设施容量、停车位不够，场地开发不足，甚至还可能产生额外的场地开发费用。

大部分改造项目都需要满足当前所有的建筑法规。如果楼层高度达不到规范要求，那么设备、电气和给水排水设计还将带来额外的成本。

通常情况无法获得原始的结构图纸，就不得不进行昂贵的测试来确定结构是否符合现有规范。外表皮玻璃也可能无法满足现有的节能规范。

在某些情况下，唯一可以保留的建筑系统是结构和坚固的建筑外墙。如果要对它们进行改造，那改造的成本与拆除新建的成本就相差无异了。

要始终将改造与新建进行比较，即使是因历史价值需要保留的旧建筑。通常，策划者应基于建筑现状评估确定所需改进的程度，进而进行可靠的改造成本估算。

可持续性

可持续性是一种整体设计方法，是将三重底线目标——环境、经济和社会效益——纳入建成环境的全生命周期中进行考虑。可持续性作为一项设计要求，在策划阶段考虑建筑问题的四个维度中得到充分体现，这四项因素即功能（社会层面的）、形式（环境层面的）、经济（经济层面的）和时间（生命周期）。对可持续性的关注可能会推动策划要求和后续设计解决方案朝着创新型设计、施工和运营过程发展，并可能影响场地开发、建筑表皮、建筑功能、室内设计、暖通空调系统或建筑质量等级等各个组成部分。此外，有关上述任何一项的决策都可能对另一项的决策有直接或间接的影响。

正如可持续性设计不会只有单一要求一样，设计解决方案也是无止境的，需要所有利益相关者的支持。越早将可持续性理念融入需求策划中，就越容易制定决策，避免延误，调整项目预期，并确保最终设计方案可以在经济、环境和社会因素之间取得平衡。

可持续性：既能满足当前的需求，同时又不损害子孙后代满足其自身需求的能力（引自布伦特兰委员会，译者注：即世界环境与发展委员会）。这是在不降低自然系统的健康和生产能力的前提下，满足人类需求所实现的平衡。

一体化设计：生成整体设计解决方案的过程中，一体化设计可以促进利益相关者之间知识共享。这一过程可以通过寻求自然与建成环境系统之间的协同作用来提高项目价值。

利益相关者：与项目有直接利益、参与或投资的个人或团体。利益相关者可能包括所有者、设施管理者、设计团队成员、工程师、承包商、设施工作人员和居民。

可持续建筑评级系统：是一种评级或认证，可根据预设的标准和成果的类别对建筑进行评级。为了进行环境评估，评级系统要分析建筑的结构、设计和材料选择，并基于各种设计或建造方式确定其对建筑寿命的影响。

在策划过程中，策划团队应评估业主在可持续性方面的目标，并确定项目团队是否要使用评级系统来评估建筑的设计、施工和全生命周期中建筑对环境的影响。业主、建筑师和其他利益相关者可以使用第三方的评级系统，以明确建成环境在能源和环境方面的性能等级，并量化实现可持续性三重底线目标的程度。

有各种各样的绿色评级系统为团队提供第三方认可的、通用的技术工具，以确定项目的可持续性能水平。一些有经验的业主有自己的一套实现可持续性的准则和标准。以下定义和示例摘自能源与环境设计先锋（LEED）可持续性评级系统。

美国绿色建筑委员会（USGBC），能源与环境设计先锋（LEED）——整个建筑可持续性评级工具，为衡量和记录每个建筑类型和建筑生命周期阶段的成功提供了路线图。http://www.usgbc.org

绿色建筑挑战、GB 工具、可持续建筑环境国际倡议（IISBE）——整体建筑评级工具；需要技术专长。http://www.iisbe.org

绿色地球，绿色建筑倡议——整体建筑评级工具；还包括评估协议和设计指南。http://www.greenglobes.com

可持续项目评级工具（SPiRiT）——美国陆军军团工程师（USACE），建筑工程研究实验室（CERL）。基于LEED的评级工具，具有陆军特定的适应能力。http://www.erdc.usace.army.mil/pls/erdcpub/www_welcome.navigation_page?tmp_next_page=50032&page=All

美国环境保护署（EPA）的能源之星绿色建筑设计——能源之星是基于能源使用的建筑标签。http://www.energystar.gov/index.cfm?c=evaluate_performance.bus_portfoliomanager_intro

建筑研究机构的环境评估方法（BREEAM），建筑研究机构有限公司（BRE）——根据表现在每个领域给与评分。然后，一组环境权重可以将这些评分加在一起以产生一个整体得分。然后按照通过、良好、非常好或优异的等级对建筑物进行评级。http://www.breeam.org

可持续性分析

业主的可持续发展目标和可持续设计要求会影响建筑需求以及策划要求的考虑方式。例如：（1）所需功能，例如自行车存放和员工淋浴设施，会增加策划中的总净面积；（2）用于遮阳的外墙附加隔层会增加总建筑面积；（3）为了达到更高的建筑性能标准，提高未来运营成本的收益，通常初始成本也会增加。为了确保策划符合可持续的标准，在策划阶段分析清楚这些影响是很重要的。

业主的项目需求（OPR）：OPR记录了项目的功能需求以及对建筑日后使用和运营的预期，这关系到将被委托的系统。在设计和施工过程中，随着项目特性的明晰，OPR也会进行更新。

设计依据（BOD）：记录最初的设计假设、标准以及建筑系统要达到的性能标准等信息。

基准线分析：能源和用水分析，用于确定项目预算并与基准进行比较。提供了分析和比较可持续性概念的影响的基础。

全生命周期评估（LCA）：对产品、流程或服务的输入、输出，以及潜在的环境影响进行系统性分析。

调试运行：核验并记录建筑的各项系统和组件是否符合项目的设计标准，并满足业主的项目需求（OPR）、设计依据（BOD）和施工文件。

财务分析

当业主评估替代方案时，财务分析会引入金钱的时间价值（译者注：资本随时间的推延所具有的增值能力）。该分析将变化的经济价值调整为可比较的数字，或与业主公司使用的其他财务指标一致的价值。通常，分析的假设和结果的不同取决于业主的经济立场：作为所有者还是作为投资者。

全生命周期成本分析：作为所有者的业主会提出接下来几年内，收入（节省的成本）和支出（资本和支出的现金流）的组合问题。

投资绩效分析：业主作为投资者将提出接下来几年内，创收与支出（资本和费用投资）的组合问题。

投资回报分析：投资收益的简单指标是计算实现收入（或储蓄）等于投资（或成本）的时间点。

例：

投资回报周期=5000000美元/每年1500000美元=3.3年

现金流折现分析（DCFA）：剖析该短语时可以发现其背后的基本含义，DCFA是将现金流（或“流量”）折现（或“返还”）为等值美元金额（以今天的美元计算）的分析。折现的好处是它可将未来所有的支出（租金、水电、纳税、保险、保洁、维护和维修）换算为同一日期的金额来进行计算。此类分析所使用的最常见方法之一是确定净现值（NPV）。

净现值（NPV）：一系列未来支出（或成本）和收入（或储蓄）的现值计算出的投资价值（差额）。NPV与计算利息非常相似（但方向正好相反）。

例：

假设您今天将1.00美元以每年10%的利息存入银行，那么到年底它的价值为1.10美元。同样，如果您在年末收到1.10美元，并且银行的利率为10%，则净现值为1.00美元。

年金现值（P.V）：一定时期内，按相同时间间隔每期期末支出的现值之和。

理论上，净现值和年金现值的含义是不同的。但是，这两个术语经常互换使用。它们的区别是：净现值仅在期末计算现金流，允许定期发生的可变支出或收入现金流；年金现值是基于连续且相等期间的固定支出。

复利：大多数人都有储蓄账户，并且大多数储蓄账户会随着时间累积复利。这个概念相对简单。账户中的本金以及每个计息周期（年、季度、月和日）所赚取的利息之和作为下一期的本金。“复利”就是利滚利。

例：

假设你在计息账户中存入1.00美元并存储5年。同时假设账户有10%的利息，按年复利。下表展示了你的本金和利息详情。在五年期末，你的1.00美元本金将变成1.61美元。

期数	现值（美元）	累计终值（美元）
第1年	1.00	1.10
第2年	1.10	1.21
第3年	1.21	1.33
第4年	1.33	1.46
第5年	1.46	1.61

折现：折现是复利的概念反推回去，相当于问：“今天我需要投资多少美元（假设10%的利息），才能确保从现在起的五年内我能获得1.61美元?”答案很简单，将上面的示例反推回去即可。但如果增加更多变量（例如租金、水电费、纳税、保险等），又没有金融计算器或电子表格的话，算出答案就变得越来越难。因此，电子表格（尤其是带财务分析功能的电子表格）的引入使折现现金流分析更为普及。

折现率：将预期收入，支出或未来现金流量转换为现值的复合利率。

折现系数：在特定时间段内按一定的复合折现率折现后，现值为1的系数。请参阅表。

现值为1时，不同复合折现率下的折现系数

期数	1%	3%	5%	7%	9%
1	0.9901	0.9709	0.9524	0.9346	0.9174
2	0.9803	0.9426	0.9070	0.8734	0.8417
3	0.9706	0.9151	0.8638	0.8163	0.7722
4	0.9610	0.8885	0.8227	0.7629	0.7084
5	0.9515	0.8626	0.7835	0.7130	0.6499
6	0.9420	0.8375	0.7462	0.6663	0.5963
7	0.9327	0.8131	0.7107	0.6227	0.5470
8	0.9235	0.7894	0.6768	0.5820	0.5019
9	0.9143	0.7664	0.6446	0.5439	0.4604
10	0.9053	0.7441	0.6139	0.5083	0.4224

最低预期回报率：特定现金流量折现分析的最低回报率。最低回报率可能因投资风险情况而异。惯例是风险越高，最低回报率越高。

内部收益率（IRR）：每年投资中每一美元的收益

率。内部收益率等于使未来现金流现值等于初始资本投资的折现率。

资产负债表：个人或企业的资产和负债的详细列表。资产和负债间的差额就是资产净值。

资本：企业拥有的所有资产，包括债务和资产净值。

例：

资产净值	42000000美元
债务	18000000美元
总资本	60000000美元

资本成本：具有相似风险的投资机会的投资回报率（与基础投资相比较）。

股本成本：股东或投资者要求的回报率。

债务成本：银行或贷方要求的回报率。

税率：税额占征税金额的比例。

税后债务成本：按税率扣除税款而调整的债务成本。在下面的示例中，债务成本（例如银行贷款）为8%，税率为40%。

例：

税后资本成本=债务成本×（1–税率）

税后债务成本=0.08×（1–0.4）

=0.08×0.06

=0.048

加权平均资本成本（WACC）：这是公司的最低预期回报率或折现率的代名词。使用公司的债务和股权及其相对百分比来计算。在下面的示例中，公司资产有70%为股权，成本为11%，有30%为债务，税后债务成本为4.8%。因此，加权平均资本成本为9.1%。

例：

加权平均资本成本=（股本成本×资产净值百分比）+（税后债务成本×债务百分比）

	权重	×成本百分比	=均值百分比
资产净值	0.7	11.0%	7.7%
债务	0.3	4.8%	1.4%
加权平均资本成本			9.1%

通货膨胀率：生活成本和工作成本预期的变化幅度。

经济寿命：固定资产在经济上的可用时间。

预测财报：一种假设性财务分析，要用到分析不同情景时惯常使用的假设。通常，业主将为策划者提供财务分析应基于的假设，包括通货膨胀率、资本成本（或折现率）和经济寿命。例如，通货膨胀率为3%，资本成本为9.1%（假设折现率为9%），经济寿命为五年，策划者应该推荐哪种等风险的策划替代方案？

- 策划方案A要求设计和建造的总项目成本为29000000美元，每年的运营成本为1000000美元。
- 策划方案B要求设计和建造的总项目成本为

24000000美元，每年的运营成本为2500000美元。

在后文的示例中，方案A的净现值为负22670000美元，方案B的净现值为负24000000美元。由于两种方案的风险相同，方案A的净现值比方案B少1330000美元，因此方案A是基于财务准则的首选方案。

折现现金流分析案例（单位：千美元）

（方案A每年节省的运营成本等于方案B的运营成本2500000美元减去方案A的运营成本1000000美元。）

	初始0	未来1	未来2	未来3	未来4	未来5
支付						
• 初始设计和建设成本	–29000美元					
收入						
• 每年节省的运营成本	0美元	1500美元	1500美元	1500美元	1500美元	1500美元
• 通胀率3%/年	× 1.00	× 1.03	× 1.06	× 1.09	× 1.12	× 1.15
• 计算通胀后每年节省的运营成本	0美元	1545美元	1590美元	1635美元	1680美元	1725美元
现金流	–29000美元	1545美元	1590美元	1635美元	1680美元	1725美元
• 折现率9%	× 1.000	× 0.917	× 0.842	× 0.772	× 0.708	× 0.650
净现值（0美元）–22670美元=	–29000美元	+1417美元	+1338美元	+1263美元	+1190美元	+1121美元
方案B的净现值	24000000美元					
方案A的净现值	–22670000美元					
之差	1330000美元					

问题陈述 On Problem Statements

问题陈述：描述项目的关键条件和设计前提，这是方案设计的出发点。

假设：假设的或真实的条件，这是推导出结论的基础。

条件：为了做某事建立的或同意的必要条件。

前提：得出结论的条件。

设计前提：得出大体的设计指示的具体条件。

准则：测试或评判性能的标准。

设计准则：问题陈述用作判断设计解决方案的标准。参见“建筑成本的组成部分”中的《建筑系统设计标准》。

评价标准：指定了优先级的设计标准，用于评价和比较不同的设计解决方案。

摘要：（形容词性）不是提及一个事物或多个事物；反对具体。（名词性）概要或过滤掉不需要的细节后更大的整体的本质。

本质：必不可少的特性，事物内在的本质。

接下来的内容是近50年来不同阶段和不同类型的实际建筑项目的问题陈述，这些陈述是由不同的策划者或设计团队编写。

注意书写风格和格式的差异，甚至标题的差异。**但这些陈述遵循着一个统一的格式，那就是能明确条件以生成一般设计指示**。此外，每一个案例是涵盖功能、形式、经济和时间的综合说明。

军事学院

总体规划

1974年11月

功能

由于设计的重点主要放在学员训练区和家属区或社区服务中心的人行流线上，因此**总体规划必须对人车分流做出规定**。

由于学员主要是由若干排编成的连组成，因此**总体规划应该提供宽敞的停机坪和人行道**。

经济

由于该学院将会成为军队对外的展示窗口，因此设计品质和施工质量必须达到很高的水平。

形式

由于学员训练区必须将不同设备放置在5~6分钟的步行距离范围内，因此**总体规划必须有合适的密度**。

由于该地区土地贫瘠，寸草不生，**总体规划应考虑环境对人心理的影响，创造一定的绿化种植面积**。

学院校园的形象必须反映力量、秩序、纪律等军队价值观，**总体规划也应该塑造这种形象**。

时间

由于学院可能会在2个已计划的阶段外继续扩张，因此**总体规划必须为日后扩建提供一个开放式的框架**。

驻外办公室

整合规划

1997年11月

功能

由于公司试图将以人为本作为其优势，因此**该项目应平衡好公共空间和私密空间的需求。集团和客户所用的公共空间包括邻里环境、技术展示区和互动区；私密空间包括工作隔间、增加的会议室以及私人储物区**。

由于公司打算建立共同愿景并以一个团队行事，因此**提出的方案应包含多种空间，能把重点从个人转移到团队上，包括项目室、“飞地”、合作办公空间、向客户汇报展示的空间，以及商务中心**。

由于该公司计划打造卓越标准，因此**项目应该“使本公司在亚洲营销市场方面名扬四方”，创造一种可以适应各种变化的环境，在多种办公环境（如团队办公、流动办公或固定办公）中使用最先进的技术，从而满足每一种特殊团队的需要**。

形式

由于该公司力图为顾客创造超高价值，因此该**项目应塑造一种崭新的形象，来向顾客展示公司的技术和人员，包括对产品的实时展示**。

经济

由于该公司力图保障股东，该**项目将通过迁移到建议的地点来提高成本效率，并通过将两处办公地点合并为一处来实现经营协同效应**。

时间

由于该公司正在为打造新的团队进行暂时性的组织结构改革，因此**新项目必须适应这些变化**。

公司总部

选址规划

1996年10月

功能

由于该公司可能提高对各种活动来访者的接待能力，因此在目标城市里提议的选址地点应考虑开发住宿接待设施的潜在可能性，为举办会议和培训活动提供支持，或者选址邻近主要的连锁酒店、机场、地面交通枢纽，并且能方便抵达其他休闲娱乐设施。

由于各部门之间的内部沟通非常重要，因此**项目方案应该至少有3.0万~3.3万平方英尺（2787~3066m²）占地面积，并尽可能满足部门邻近需求**。

由于展示厅是一个引人注目的功能，可能独立于办公空间，将接待大量来访者，因此**选址策略应该寻找可接纳大量公共交通车流的地方**。

经济

由于公司的发展依赖于投资回报，因此**选址策略必须考虑持有自用与出租的短期和长期影响**。

形式

由于入口是去往其他空间的必经之地，给来访者留下第一印象和持续印象，因此**进入总部新选址的入口空间序列应该传递美学和教育的重要性**。

由于公司希望在公众面前塑造开放的形象，但目前存在不同程度的保密要求，**选址策略应该一方面保证某些功能不面向公众，另一方面给来访者一种开放、友好的感觉**。

时间

由于该公司对尽快获得所有权很有兴趣，**选址策略应该为每一处提议的地点提供灵活的腾退计划**。

大学科技园区

总体规划和资本计划

1983年12月

功能

由于对地面租赁场地的面积要求尚未确定，因此**总体规划必须设计一个灵活的地块划分体系**。

经济

由于市级开发新区将在项目一期开发，因此**总体规划应该尽可能地将大部分场地开发集中在项目一期园区内**。

形式

由于有一条城市道路径直穿过场地，因此**总体规划不仅要为租赁区域提供适当的安保措施**。

由于场地相对缺乏特点，因此**总体规划设计必须为园区塑造一个适宜的形象**。

时间

由于该园区将分期建设，因此总体规划必须配置好日常的辅助设施和生活便利设施，以便为每期建设提供良好服务。

医学中心和医学院

总体规划

1971年7月

功能

医学院在功能上和管理上都与原校区联系紧密；因此，**两个校园在物理和视觉上联系非常重要**。

门诊医疗是该医学教育机构最主要的领域，**这一重要性必须清楚地反映在门诊部的特征和位置上**。

经济

由于预算十分有限，**应继续采用合适的成本控制措施，并创造性地表达出建筑这种“精炼简约”的品质**。

形式

医学院的医学教育和医疗服务项目强调可达性——有面向轻伤患者和急性住院患者的医疗保健中心，有覆盖整个区域的服务设施，以及服务于医疗急救的航空通道，因此，**学校应该相应地体现物理上的开放性和外向性**。

由于门诊每天流量较大，很多患者是第一次就诊，因此，**应特别考虑对病人进行方向引导**。

时间

医学院未来将成为医学中心的核心区域；因此，**学院必须能有扩建的余地以满足未来的需求和与其他部门的联系**。

医学教育理念和实践将逐步发展；因此，**建筑必须是灵活可变的，以适应未来的变化**。

国际科学技术大学

总体规划策划

2007年1月

功能

创造一所国际化的校园要求信息、想法及人们的活动能在其中自由流动；因此，**总体规划应该在首次到访及日常生活的方方面面中反映这些规范和行为，同时打造在本地和世界其他地方工作的科学家们的社区**。

由于学校最主要的任务是交叉学科的研究，因此**总体规划应该预期有6~7个不同的研究机构和一些户外工作站，同时设计应该鼓励这些校园里的研究组织之间进行日常互动和自由流动**。

经济

由于该场地可能在现有的需求策划之外提出新的开发机会，因此**总体规划应该论证提议的前期投资除了一期到三期的要求之外是否合理**。

形式

鉴于节能节水有助于校园的高效运行，因此**总体规划应该综合使用可持续的土地利用和建造技术**。

由于这所大学的精神是创造与创新，因此**总体规划应该设计一种特别的建筑表达方式，能够适应地区气候并融合地域特征和当代元素**。

由于滨海环境内有原始的珊瑚礁，以及鱼类与其他野生动物的栖息地，因此**总体规划应该为海洋科考建立滨海保护区，同时对公众进行适当开放**。

时间

由于校园的一期应该在2009年9月前完工并马上投入使用，因此**总体规划应该设法处理好并行的和持续进行的项目建设，以及加快设计和施工的系统性方法**。

由于该大学的逐步扩张策略将在校园建设期间同步发展，因此**总体规划应该为项目层面或人口层面的变化或增长定义一个清晰的框架，同时为大学的潜在未知的开发计划做好准备**。

国际会议中心

需求策划

2010年7月

功能

为了保护政府首脑和各国高级官员，**总体规划应遵循防卫空间的设计准则，通过环境设计来解决场地安全性的问题**。

由于该会议设施有一系列对私密性有不同要求的功能空间，因此**总体规划应该将居住空间（私密空间）和会议空间（公共空间）间隔开来**。

经济

由于该场地不要求有娱乐设施和生活便利设施，因此**总体规划应该考虑对那些既有设施进行分阶段再利用，以暂时性地为会议空间提供服务**。

形式

由于当地政府正在找寻一处具有标志性的场地，因此**总体规划应该为该场地设计一个创造性的特征**。

由于该地形和滨海为本区域最大程度的开发带来了挑战，因此**总体规划应该探索一系列设计手法——从生态角度回应，到更加建筑化的手法，如可重塑场地并创造新的场所或滨水机会**。

由于中国文化遵循平面设计规则和建筑景观设计特征，因此**总体规划应该接受并遵循这些规划原则**。

时间

由于该场地的主要目标是提供一个国宾馆，同时业主正在努力为2011年G20峰会的举办提供住宿设施，因此**总体规划应该首先满足国宾馆的设计要求，然后强调如何用永久性的迎宾馆设施或临时性的建筑，来解决未来G20峰会的住宿要求**。

大学科研校区

总体规划

2008年12月

功能

由于现有规划为发展女性校园、预科学校、利雅得科技谷，以及沿着校园外围的商业开发都将在德里亚校园主要土地区域开发完成，因此**总体规划应该设法解决这些校园园区之间的连接以实现一个有凝聚力的校园环境，包括使用一体化的大运量公共客运系统**。

由于该大学希望改善校园内外的人行活动，因此**总体规划应该广泛地探索改进措施，包括改善从停车区到教学楼和主要通道的入口，有更多遮阴、可持续的、自然的人行道，以及先进的人流或公共客运系统**。

经济

由于对公用事业和基础设施的需求超过了现有的承载能力，因此**总体规划应该包含能解决场地开发、交通运输，以及景观需求的可持续措施，以改善现状**。

形式

由于各种正在进行的或正在规划中的项目，包括大学校医院的扩建、新的职工宿舍区、一个体育馆、多个学院建筑的扩建以及一个交叉学科研究中心，因此，**总体规划应该将新的建筑设施整合到校园的综合规划中**。

时间

由于该总体规划每五年将更新一次，因此**总体规划更新应该预见到短期、中期以及长期的需求，以实现有吸引力的校园环境，使其成为一个服务知识社群的知识绿洲**。

专业办公中心

概念设计

1992年3月

功能

由于一些已有的生产线功能已经就位，因此**需要将相关功能就近配置**。

为了高效利用资源，需要最大限度地使用现有设施，因此**设计方案需要尽可能与已有设施兼容与共享使用**。

由于合并集团意味着有机会为航空业发展创造一个集研究、开发、测试和评估于一体的高水平中心，因此**相关设施应该营造一种良好的工作环境，例如拥有最佳的设施间距、互动场所、场地便利设施，以及高质量的工作空间**。

经济

由于预算已确定，**资金应优先使用在研发设施的建设上，逐一进行设计，增加替代方案**。

形式

由于该场地内的生态环境系统较为敏感，因此**需要与当地的环境委员会协作提出缓解计划**。

由于该基地内增加的人口将导致车行道路低于标准，因此**需要优化预算配额方案以创造一个更好的内部交通系统**。

时间

由于该公司的要求在建筑全生命周期内可能发生多次变化，因此**该建筑必须适应公司理念、组织结构、工作流程等多种变化**。

高中校园

方案设计

1950年12月

功能

学生们在大厅度过的时间和他们在任何教室或者实验室度过的时间一样多（每天超过一小时）。因此，**大厅和其他交通流线元素的设计应该有助于实现人才培养的目标**。（注意：或许这项考虑是高中校园建筑和小学校园建筑的根本区别。）

该校园建筑将被全时用于社区提升、教育和娱乐活动。**那些可以被学生和公众共同使用的元素，例如体育馆、大礼堂等，应该集中布置在一个区域内，便于高效的使用和经济维护**。

经济

在每个单独的教学区域内，例如家政、英语、演讲等，教学技术总是在不断变化。因此，**教室、实验室，以及工作坊在设计时应考虑经济和高效地适应这些变化**。

形式

均衡的、高效的教学项目会加强学生在教室里的交流，以及在师生之间的交流。因此，**教学区的设计应该允许座椅的灵活布置**。

时间

由于高中学校人数将持续增长，教学计划也将不断地增加或者删减一些课程，因此，**校园的设计应该能经济、高效地扩张，而不会破坏校园的美景**。

城市社区大学

方案设计

1973年8月

功能

由于学生人群和生活方式的多样性，**设计方案需要营造强烈的场所意识以培养学生的互动精神**。

由于主要使用者是成年的在职学生，他们在校园里待的时间不长，因此**设计方案需要精心考虑方位感和流线系统**。

由于这个地区已经接受了一种教育推广理念，因此**校园里各项活动的可见性成为设计的一个主要目标**。

由于校园里的教室是由各种各样的教学团队共享，因此**教室的实体分布应该是主要的设计决定因素**。

经济

由于预算决定了本项目的施工品质要“高于平均水平”，因此设计必须考虑到城市条件对材料和造价的影响。

形式

由于业主希望能抓住新的建筑类型的内涵，这种类型整合了商业、教育、办公活动，因此，**设计应该对这一特殊需求做出回应**。

由于该城市用地较小，但有大量的外部实体和法律条件的限制，**因此设计应该对这些外部影响做出回应，同时满足功能需求**。

时间

因为目前和将来的教学课程还有很多不确定性，**教室的可变性和兼容性应该成为一个主要的设计目标**。

运营

为了满足1976年9月入住的目标，必须协调好具体的进度安排、高效的施工方法、审查和批准过程中的及时决策，以及可支配资金。

社区心理健康和精神发育迟滞医疗中心

方案设计

1969年3月

功能

由于该中心既是政府的，又是社区的，为心理健康和精神发育迟滞者设立，具有功能上双重的重要意义，因此**设计策略应当回应这种双重性**。

由于协同服务、培训和科研的目标影响着多方面功能，因此**设计策略应当鼓励精神健康和精神发育迟滞的交叉学科发展**。

由于该社区人群在心理学和社会学层面的特征，因此**设计策略应该为使用者提供明确的方位感**。

经济

因为该社区对“经济方式”很感兴趣，同时众多功能空间也都是30.46美元/平方英尺（327.88美元/m^2）的中低等单位造价，因此**设计策略应该尽可能寻求经济效益和多功能空间的使用**。

形式

由于该场地与大学和社区的相对位置，**设计策略需要提供介乎于大学和社区之间的活动界面和尺度**。

时间

由于应对心理健康和精神发育迟滞的方法会发生变化，而且社区的需求也会发生变化，**该中心必须能够适应这些变化**。

由于社区将持续地使用这些设施，**设计方案应该体现出24小时接待的状态**。

研发中心

方案设计

2001年7月

功能

由于研究人员和办公人员的互动被放在一个优先的位置上，因此**设计应该将办公室和实验室作为一个整体运作单位的这种关系最大化**。

由于没有一个特别的“典型分区”要求，**总平面图和建筑设计应该基于一个部门、组团和部分的综合模型**。

经济

由于这里将成为一个公司的场地，因此**建设成本和场地设施应该与公司的其他场地保持一致**。

由于节能设计十分重要，因此**应该考虑能在四年甚至更短时间内收回投资的节能措施**。

形式

由于目前尚未知晓对周边场地的开发计划，因此**控制进入道路的入口显得尤为重要**。

由于该场地的开发将作为本地区未来发展的一个范例，因此**场地应该传达“高品质公司引领敏感地区高品质发展”的概念**。

时间

由于本项目将按预先计划分期开发，因此**项目的实施战略应该在2002年5月之前允许第一期设施进入，在2004年6月之前允许第二期设施进入**。

操作

因为二期建设将在一期完工后数月内开始，因此**场地设计和分期规划应该合理布置二期建筑的位置，以防施工对一期设施的使用者造成严重妨碍**。

会议中心

方案设计

1968年12月

功能

会议中心的存在将导致大量机动车的停车需求。因此，**该中心应该提供充足的停车设施，不限制场外的交通流量**。

展厅要求大型卡车或拖车可以进出场地。因此，**该场地必须满足调遣和停放卡车或拖车车队的需求，不会干扰到场外的交通流量**。

由于会议中心场地周围是主要的交通干道，新**设施应该将人车冲突降至最小**。

经济

预算充足，可以进行高质量的施工，然而**这也不意味着不需要设计**。

形式

该会议中心场地邻近一个目前服务于公众使用的滨水物业。因此，**中心应该和周边环境和谐共处**。

这片滨水场地是这座城市形象的一个亮点，**该会议中心应该呼应水景并与其建立活跃的联系**。

时间

酒店目前的房间数量必须增加到满足会议设施的终极需求（1500~2000个房间）。会议中心的成功取决于这项扩张。**对建设计划进行分期处理可以为周边业态做出反应提供必要的间隔时间**。

扩建总部办公楼

方案设计

1984年10月

功能

由于该场地将汇集超过30个不同的部门或组织群组，**设计应该设法让部门在获得更高效的内部互动和交流的同时，保持其自身的独特性**。

场地内汽车的数量预计会在1997年之前增加超过150%。**现场来往于城镇中心的流线和交通需要考虑细致并且具有创造性的解决方案来使交通问题最小化**。

经济

尽管该项目预算对于一个中等质量的施工来说是充足的，**仍建议审慎、明智地挑选建筑材料和相关系统，以巩固公司可靠形象的材料和系统**。

该规划应该通过小心放置新的设施，来维持和强化该场地的自然美景和正式入口的整体性。

形式

由于新建筑可能会比原总部呈现出一个更加当代的建筑风格，**设计应该巧妙地将新增的设施和既有结构整合起来，避免两者造成冲突**。

既有的未来设施将共享需要持续互动和移动的群组和部门。**新建筑合适的选址和设施之间一些形式上的连接是主要的设计因素**。

时间

在1987~1997年之间迁入的阶段性增长的职工人数将在早期为内置的扩建空间做准备。**该规划需意识到这一点，并追求有效性和灵活性的最大化定这些扩建区域**。

随时间增长的部门可能会意味着在建筑内部和之间重新安置和移动。**设计应该意识到这一点并考虑容易实现部门移动和空间临时使用的缓冲区**。

厂房

方案设计

1980年11月

功能

由于运营中心和团队理念主导形成了强势的且不断发展的组织结构，**因此设计方案应以明确的区域特征对此做出回应，同时具有适应变化的灵活性**。

由于场地内安全和高效的交通是必要条件，**因此设计必须将行人和机动车的流线（以及汽车和卡车的流线）明确分隔开来**。

由于生产目标与平面布局效率有关，**因此设计方案必须满足这些效率标准**。

由于策划中指出加工和组装具有不同的环境条件，**因此设计应对这些条件进行区分**。

经济

由于结构类型的成本适中，**因此设计必须严格控制成本**。

形式

由于这是一家全新的公司，**因此新设施的设计应该能够体现公司的实际存在，同时突出一座功能齐全的厂房形象**。

由于周边社区是一个重要的考虑因素，**因此设计必须通过细致的场地开发来提升环境品质**。

能源

由于生产过程中会产生多余的热量，**因此设计应在需要的时候对其加以利用，而在不需要时进行有效处理**。

时间

由于策划中说明本项目将分三个阶段进行开发，**因此设计方案必须提供相应的发展战略**。

石油公司总部办公室

方案设计

2006年3月

功能

由于该建筑内有多种功能需求，**因此总体规划应按优先级顺序检验包含几种类型设施（总部、停车场、便利设施、医疗保健、实验室、未来办公室）的可行性**。

最好将某些设施与总部空间分开，以供员工和家人在晚上、周末和节假日使用，**因此总体规划应评估将这些设施在场地内的位置，可以吸引行人，避免与总部功能流线产生冲突，同时总部工作人员全天都可以轻松到达**。

由于总部内一些功能空间会吸引来访者，**因此总体规划应妥善处理员工、来访者、VIP和物料进出建筑的不同流线，同时要认识到建筑安全的必要性，它应是有效但不具侵犯性的**。

经济

由于该场地地价很高，**因此总体规划应研究该场地的“最高最佳利用”，以及满足长期业务需求的最大开发潜力**。

形式

该场地位于所在地区最著名的区域之一，因此需要一座地标性建筑；但是，根据预测的需求，**建筑高度不应超过30~35层**。

由于期望的平面图应是大型、高效且灵活的（尺寸应达到或超过40SM或60SM），**因此总体规划应制定三种不同的高层建筑方案，其中一种平面图呈矩形**。

蓝色是该公司品牌的标志色，**建筑形象也应反映该品牌形象**。

时间

由于现有场地已被建筑和停车场完全占用，**因此总体规划需要解决开发阶段问题，以最大限度地减少对运营的干扰，并尽早完成总部大楼的建设**。

青年刑事司法中心

方案设计

1975年7月

功能

由于此处青年的居住单元是他们的身份认同和健康的基础，**因此设计概念必须敏感地回应这一需求。**

由于功能组织要求集中式服务设施和环绕其分散布置的居住单元，**因此设计必须对此组团活动做出响应。**

由于这是一个中级安保建筑，**因此设计必须对充分的监管控制进行严格规定。**

经济

由于预算足够但不十分富余，**因此设计必须采用简单和直接的方式。**

形式

由于使用者年龄在18~25岁之间，**因此设计风格应该是活泼的、好玩的和年轻的。**

由于《环境影响报告》对非机构特征的建筑形象有所规定，**因此设计形式应具有合适的尺度和比例，以满足此要求。**

由于需要营造一个正常的、真实世界的心理环境，**因此建筑氛围应类似大学校园。**

时间

由于未来不确定建筑是否会扩建，**因此设计应在各个开发阶段中保证建筑在视觉和功能上的统一。**

剧院

方案设计

1978年3月

功能

由于所有表演艺术都需要最佳的视听条件，**因此设计应实现顶级的观演视线和声学品质**。

由于表演艺术主要在晚上进行，**因此设计应强调夜间活动的特点**。

由于布景、服装和物品便利的流线会减少布置和故障排除的时间和成本，**因此设计应将舞台设置在卸货区、布景车间、装货区相同的高度**。

经济

由于剧院内的大厅需表演交响乐、歌剧和芭蕾舞，**因此多功能舞台设计必须兼顾这些艺术的不同要求**。

由于大厅的建筑材料成本已确定为优良至极高的质量，**因此设计应做出相应的回应**。

形式

由于表演区域必须隔离外部噪声，**因此设计必须在声学上隔离机械室和实景商店**。

为了协调大厅中不同表演艺术对应的座位容量，**设计必须提供简单的机械或电气技术，使得座位数可以从2100个减少到1400个**。

时间

因为改变是不可避免的，**所以可转换性的概念非常重要，尤其是在组织办公室布局和大型大厅（多种形式）中**。

专业机构办公楼

空间规划和室内设计

1979年4月

功能

由于办公楼在工作时间内对公众开放，并且在晚上和周末必须对员工开放，**因此设计应解决内在的安全要求**。

尽管该公司希望通过统一的空间和装修标准寻求公司的认同感，**但设计应单独满足每个部门特别的功能要求**。

有几种类型的人员将访问办公楼，每种都有特殊的流线要求：（1）员工；（2）业主；（3）招聘者；（4）供应商。**因此，设计应将有冲突的流线分隔开来**。

经济

由于公司之前有大笔资金投入在现有装修和家具上，**因此设计应在适当的时候再次利用这些物品**。

由于公司将在未来10年内逐步扩张，**因此空间规划应以最经济的方式混合使用已装修和已置办家具的空间**。

形式

由于该公司是国际知名的组织，**因此设计应传达恰当且独特的企业形象**。

由于建筑设计的核心元素是不对称布局，**因此空间规划应解决电梯通道以及横向和纵向流线的特殊布局要求**。

由于公司合伙人和经理习惯于层级制度，**因此设计应保留透明办公室的布置**。

时间

最经济的租赁策略要求一些部门在不同时间改变使用楼层；因此，**空间规划应在考虑最终办公室布局的同时，将每次搬迁的干扰降到最低**。

由于不确定每个部门确切的扩张情况，**因此空间规划应将扩张部门与可能缩减的部门成对考虑**。

总部办公室

室内设计

1997年7月

功能

由于该公司同其他任何尖端业务一样，都认为重组和技术变更是一定的，**因此平面布局应努力争取高度灵活的通用计划，从而降低频繁变更的成本**。

由于预计人口容量和最小工作站尺寸（3.24m^2）是主要驱动因素，**因此工作区标准应努力提供模块化的功能，以便为不断变化的人口和工作站单位提供灵活性**。

由于辅助或公共区域是真正的“公共”区域，并且公司的各个组成部分具有不断变化的公共或项目功能需求，**因此公共空间的布局应使建筑的所有使用者都可以轻松到达，并且应该设计成可以轻松重新配置，从而满足使用者的多样化需求**。

经济

由于预算必须在公司标准之内，**因此设计应通过“将资金投入公共区域”来提高空间品质**。

形式

由于新总部是为数不多的可以将高度分散的业务统一展示的象征，**因此设计应具有独特性并传达与众不同的企业形象，同时体现合作伙伴关系、经济、效率和质量的原则**。

由于分销商是来访和参观该区域的主要人员，**因此这些楼层应设计成温暖、亲切、便于到达且满足参观特性需求——既是参观场所又是工作场所**。

时间

由于部门随时间的增长可能意味着在建筑内以及建筑之间的迁移，因此设计应认识到这一点，并考虑允许部门移动和临时使用的缓冲区。

建筑策划步骤 Programming Procedures

信息索引表（见INFORMATION一章）与本节所介绍的策划流程之间存在直接的联系。信息索引表使用具有启发意义的关键词和短语来引导策划者对项目提出具体的问题。策划流程则进一步赋予这些词语意义，使策划者在没有准备清单的情况下，也能根据这些词语提出问题。

这些策划流程旨在推动建筑策划工作的进展。事实上，不止一种流程可以指导项目的实施。某些流程可能适用于特定的项目，其他流程则可能不适用；你必须对它们进行检验，才能为项目找到合适的流程。此外，你也应该为特定项目提出其他的适用流程——并对整个问题做到心中有数。

以下策划流程适用于入门（PRIMER）一节中涵盖的建筑设计策划。如果要对其他类型的问题使用问题搜寻®的方法，则需要定义一个新的策划流程。例如，有以下信息索引表供查找：总体规划、室内设计、工程设计、管理咨询等。每种类型的问题都需要搜索对应类型的信息。因此，虽然五步法程序没有变化，但考虑的因素或内容都相应地改变了。

建立目标 Establish Goals

功能

1. 了解项目开发的原因。
2. 调查有关项目最大承载人数的相关政策。
3. 明确目标——在大规模的人群中保持个体认同感。
4. 明确目标——私密的程度和类型，以及群体互动。
5. 调查业主或使用者的价值层级。
6. 明确目标——将某些活动作为主要吸引点进行宣传，以及这些活动的质量等级。
7. 明确目标——所需安全防控的类型。
8. 明确目标——有关人员和事物的有效并连续的流线。
9. 调查有关人员，车辆和物品分离的相关政策。
10. 明确目标——改善随机和计划会面的条件。
11. 明确有关交通（停车）的政策。
12. 了解功能效率目标的影响（含义）。
13. 明确功能关系优先级的目标。

形式

14．明确业主对场地内现有元素的态度（树木、水、开放空间、建筑物、公用设施等）。

15．明确业主对建筑与周围环境的态度。

16．调查与效率和环境特点相关的土地利用政策。

17．明确有关一致性规划和项目与邻近社区关系的相关政策。

18．明确有关投资或改善邻近社区和场地生态系统的政策。

19．明确所需人体舒适程度的水平。

20．明确关键的生命安全考虑因素。

21．明确客户对项目将来营造的社会或心理环境的态度。

22．明确与提升使用者个人个性有关的目标。

23．明确处理人流和车流的目标，以提供具有方向感（知道你身处何地）或进入感（知道从何处进入）的路径指示。

24．明确项目必须展示的形象。

25．明确业主对物质环境质量以及空间和质量平衡的态度。

26．明确业主对于实现可持续环境的目标。

经济

27．明确可用资金的范围。

28．调查成本效益的目标。

29．调查最大回报的目标——获得最大收益。

30．调查投资回报的目标，以实现经济效益。

31．明确最大限度降低机械设备运行成本的目标。

32．明确将维护和运营成本降到最小的目标。

33．明确优先考虑全生命周期成本还是初始成本的目标。

时间

34．明确业主对历史保护的态度。

35．明确业主作为一个社会或职能组织对静态或动态的态度。

36．明确业主对预期变化的态度。

37．明确业主对项目成长的预期。

38．明确业主希望的入住日期。

39．明确业主关于各阶段资金可用性的目标。

收集和分析事实
Collect and Analyze Facts

功能

40. 将原始统计数据处理成有用的信息。

41. 参考各项活动所需面积，生成面积参量（例如，每个办公室员工需要14m^{2}建筑面积）。

42. 组织人事预测，列出每个工种的员工人数以及他们可能的工作量。

43. 分析使用者的生理、社交、情感和知识水平等特征。

44. 分析所涉及社区的特征。

45. 了解业主的组织结构。

46. 评估潜在的风险，以决定所需的安保等级。

47. 研究时间—距离移动的要求。

48. 分析建筑使用者、行人和机动车的不同交通流线。

49. 分析业主或使用者的行为模式。

50. 评估空间面积是否满足使用者人数及其活动的需求。

51. 明确功能关系的类型和强度。

52. 分析特殊人群的要求，如残障人士等。

形式

53. 分析现有的场地条件，包括场地高程、视野、自然要素、可建面积、出入口、公用设施、规模和容量。

54. 评估土壤植测报告，并确定其对成本和设计的影响。

55. 评估容积率（FAR）、占地面积（GAC）、每平方千米人口数和其他有关密度的比较数据。

56. 分析气候条件，包括季节温度、降水、降雪、日照角度、风向等气候数据。

57. 评估对建筑形式有显著影响的法规和区域规划要求。

58. 分析本地材料和场地周边环境，评估可能产生的影响。

59. 了解建筑形式对人和车的领域性和移动方式的心理影响。

60. 确定参考点和入口。

61. 根据相关数据（每平方米的造价）与业主达成对建筑质量的相互理解。

62. 了解建筑使用效率（通常称为得房率）对建筑质量的影响。

63. 了解设备成本对建筑质量的影响。

64. 确定空间功能的充足性（单位面积）作为建筑质量的一项指标。

65. 分析场地、能源、水和材料使用的可持续性数据。

经济

66．考虑上涨因素、当地成本指数和施工质量水平，确定每平方米的造价。

67．在试运行中（试）确定所需的最高预算。

68．针对暂时考虑合并的不同功能分析时间—使用因素。

69．评估市场分析报告，并确定其对设计的影响。

70．分析采用各种替代能源的不同成本。

71．分析气候因素、不同活动导致的损耗程度，以及他们对建筑材料的影响。

72．从初始成本与全生命周期成本两方面分析经济数据。

时间

73．充分阐述既有建筑和周围建筑在历史、美学、情感价值等方面的重要意义。

74．根据具体活动和参加人数（例如，每个餐座 $1.4m^2$）生成空间面积参数。

75．明确最有可能发生变化的现有活动。

76．明确长期的功能预测，说明建筑是否会扩建。

77．决定项目实施全过程的现实可行的时间进度表。

78．分析上涨因素的影响。

生成和检验概念
Uncover and Test Concepts

功能

79. 检验多数服务设施最好是集中布置还是分散布置。

80. 调查入住人群的规模和类型——不光是现在的，还有将来的——包括他们的生理、社交和情感特征。

81. 调查是否需要将一系列密切相关的活动合并成一体或私密性的需求（声音的或视觉的），以及封闭的程度（最小或最大）。

82. 提出一些重要概念并基于业主的价值观或偏好建立优先顺序，以及一些影响相对位置、规模和质量的概念。

83. 检验与目标相关的等级概念，以表达权威象征。

84. 了解安保控制措施如何用于保护财产和控制人流。

85. 评估人员、机动车、服务，货物和信息有序移动的流程图。

86. 明确将交通流线分隔开的需求，以隔离不同类型的人群（例如，囚犯与公众）、不同类型的机动车道路（例如，校内道路和城市道路），或分开步行道路和机动车道路的分离。

87. 明确是否需要设置一个汇集多方向、多用途交通的公共空间，以促进人们相遇和交流的机会。

88. 了解业主公司的组织结构和各功能之间的相互关系。

89. 了解网络或不同通信模式的使用，以促进信息交流。

形式

90. 评估场地的自然要素，并确定哪些需要保留，哪些需要改进。

91. 评估土壤分析报告，确定使用特殊地基的可能性及其成本。

92. 评估气候、人口统计数据、场地条件和土地价值，以确定大体的密度标准。

93. 评估气候分析报告，并明确可能的气候应对措施。

94. 调查相关规范，评估其对建筑形式的影响，明确重点安全预防措施。

95. 评估有关邻近社区的政策，以确定设施共享或相互依赖的概念。

96. 研究个人所在地或领域性的需求。

97. 研究建筑朝向的需求，在建筑或校园中保持方向感。

98. 研究对建筑可达性的需求，改善入口和到达的感觉，提供直接进入公共设施的途径。

99. 研究业主希望塑造的建筑形象，以及实现这种形象的建筑形式的总体特征。

100. 理解质量控制措施是一种操作性概念，用于在平衡质量或成本系数的前提下实现最高的质量水平。

101. 明确减少使用，再利用或回收可再生资源的方法，以实现可持续发展的环境。

经济

102．理解成本控制措施是一种操作性概念，用于在评估相关事实的基础上对可能的成本进行实际预测。

103．理解资金的有效分配是一种操作性概念，它是使用有关公式对空间和资金进行公平分配。

104．评估时间—使用因素，以确定将各种功能组合成多功能通用空间的可行性。

105．发现用于促进商业活动的营销理念的必要性。

106．检验节能的概念，以确定其对设计和成本的影响。

107．明确降低成本同时又实际有效的解决方案。

时间

108．提出历史建筑适应性改造的概念，以适应新的活动和功能。

109．在决定可能是静态或动态组织的面积要求时，检验定制化或宽松化的概念。

110．提出可变性概念，用于为建筑内部的改造提供条件，以适应未来活动的变化。

111．提出可扩展性概念，用于为建筑物外墙的变化提供条件，以满足未来发展的需要。

112．根据入住日期检验常规和快速程序安排的优缺点，以确定现实可行的时间进度表。

113．基于时间和成本的限制，考虑分阶段实施项目的方法。

确定需求 Determine Needs

功能

114. 明确测算净面积、使用面积、可出租面积和总建筑面积的适宜方法。

115. 按每项活动的组织、地点、空间类型和时间来确定其面积要求。

116. 确定停车和室外面积的要求。

117. 理解功能性替代方案对于成本的影响，以提出设施、建筑物或场地的解决方案。

形式

118. 明确场地开发成本的组成部分。

119. 考虑物理环境、心理环境因素及场地条件对施工预算的影响。

120. 针对每项活动的组织、地点、空间类型和时间，与业主就建筑质量的要求达成共识。

121. 评估用于确定使用面积、可出租面积或总建筑面积要求的效率因子。

122. 制定建筑系统设计标准。

123. 使用评级系统评估预期的可持续等级。

经济

124. 分析成本估算，并检验其全面性和现实性，确保对所需总预算的构成没有任何疑问。

125. 在空间要求、预算和质量之间取得平衡。

126. 分析一段时间内所需的现金流。

127. 评估能源预算（如果需要）。

128. 评估运营成本概算（如果需要）。

129. 评估关于全生命周期成本的报告（如果需要）。

时间

130. 评估成本升级因子的现实（可靠）性，以涵盖建筑策划和施工中期之间的时滞影响。

131. 确定一个现实可行的项目交付时间进度表。

132. 制定一个在一期内完成建设项目的施工时间或成本进度表，作为替代方案。

陈述（说明）问题
State the Problem

功能

133. 说明特殊的建筑性能要求，以满足业主或使用者个人或集体的需求。

134. 说明特殊的建筑性能要求，以满足开展项目主要活动的条件。

135. 说明特殊的建筑性能要求，以建筑内各项活动之间的关系。

形式

136. 明确并提取该场地对建筑形式设计具有重要影响的因素。

137. 明确对建筑设计有着显著影响的环境和可持续性因素。

138. 明确项目的质量要求及其对建筑设计的影响。

经济

139. 明确对初始预算的态度，及其对建筑的肌理和几何特征的影响。

140. 明确运营成本是否是关键的议题，并据此制定设计的指导原则。

141. 协调初始预算和全生命周期成本之间可能存在的差异。

时间

142. 考虑历史环境可能对项目产生的影响。

143. 考虑哪些主要活动最有可能是静态的和固定的，哪些活动可能是动态的和灵活的。

144. 考虑发展变化对建筑长期性能的影响。

建筑策划活动 Programming Activities

建筑策划活动涵盖的范围十分广泛，它们的复杂程度有所不同，情况千变万化，建筑项目的复杂性也不断提升。经验丰富的策划者知道如何将手头项目类型所需的活动和资源水平进行匹配。

作为参考，本章将介绍一个典型的策划过程，该过程适用于单个建筑或建筑群的方案。它展示了第一级复杂程度；还有其他三级复杂程度。每个等级都建立在前一个等级经验的基础上，并基于第一级复杂程度的基本原理和技术。

策划程度与策划者提供服务基于的各种先决条件之间存在着紧密的联系。策划者必须学会对典型的建筑策划活动进行调整和修改，而无需发明一种新的策划方法。

建筑策划的初学者也必须学会不被项目的复杂性所迷惑。本书的最后一节将说明本书介绍的这种方法，考虑的因素和业主的决策如何简化任何设计问题并使其有条理。

典型的建筑策划活动 Typical Programming Activities

这里介绍的典型策划活动适用于中等规模项目。处理小型和大型项目都需要对这种方法进行调整。每个项目进度表都涉及管理决策，这些决策将决定不同的策划活动是同时进行还是按顺序进行。为了更好地理解这些活动，下面将按它们的逻辑顺序进行介绍。

项目启动

在获得启动许可后，项目策划负责人应组建项目团队并根据工作计划分配任务。团队一般包括首席策划、助理策划以及项目经理，有时还包括一名特定建筑类型的专家或顾问。工作计划包括暂定的时间进度表，并明确相关活动、可交付成果以及承担每项活动的团队成员。

在第一次与业主会面之前，团队会分析手头的信息并列出需要业主提供的初始数据。助理策划应先在网上搜索有关业主、场地或项目的公开信息。

为了方便项目信息的交换，策划者可以建立一个项目网站。网站应该是安全的且易于浏览的，以鼓励业主和专项顾问使用。

项目团队应该前往业主办公室举行项目启动会议，或进行音频或视频会议。会议的一个主要目标是明确项目参与者和决策者。一般来说，对最终成果负有责任和义务的人拥有决策权。通常，业主或所有者是主要决策者；但是，业主或使用者群体和政府机构也会对决策施加影响。

由于项目目标决定要收集数据的类型，因此在开始谈论细节之前，请业主和高层管理者提出一套初始的项目目标是明智之举。项目策划者还应利用这次会议向业主解释策划过程和各项活动的时间进度表，包括关键的会议日期和时间。本次会议还应该明确业主对最终报告的形式和内容的期望，以及协调整个团队对计算机应用程序和项目网站的使用。

信息请求

这个时候应该从现有记录中获取相关数据，明确项目对最大人数的要求，并对人员数量进行预测。数据可以从各种途径获得，包括人力资源数据、会计账目或工资单、部门经理和设施部门。以教育机构的业主为例，相关数据可以从招生办或教务处，院长或校长处获得。项目经理应该收集场地勘察和土壤分析报告，以及现有设施的平面图纸。

数据最好是电子版的。找到合适的渠道，使数据可以传输和读取。这是协调项目团队和业主团队之间计算机应用程序兼容性的重要时机。

一旦确定了业主的项目经理，就可以要求他向相关使用者分发数据收集调查问卷，并说明收回问卷的时间。

调查问卷有助于明确使用者访谈中要讨论的信息类型和讨论的深度。在某些情况下，需要考虑在策划驻场办公室会面之前，与业主或使用代表召开情况介绍会，以审查项目目标、时间进度表和问卷内容，以及回收问卷的程序。

同期其他活动

有几个同期的活动需要在第2周的某个时间进行：场地分析，考察既有建筑或类似的建筑，同时业主的项目经理也要开始工作。业主的项目经理需要安排一个工作室，挑选要访谈的使用者，并为第4周的办公室会议准备一个采访时间表。

典型的时间进度表

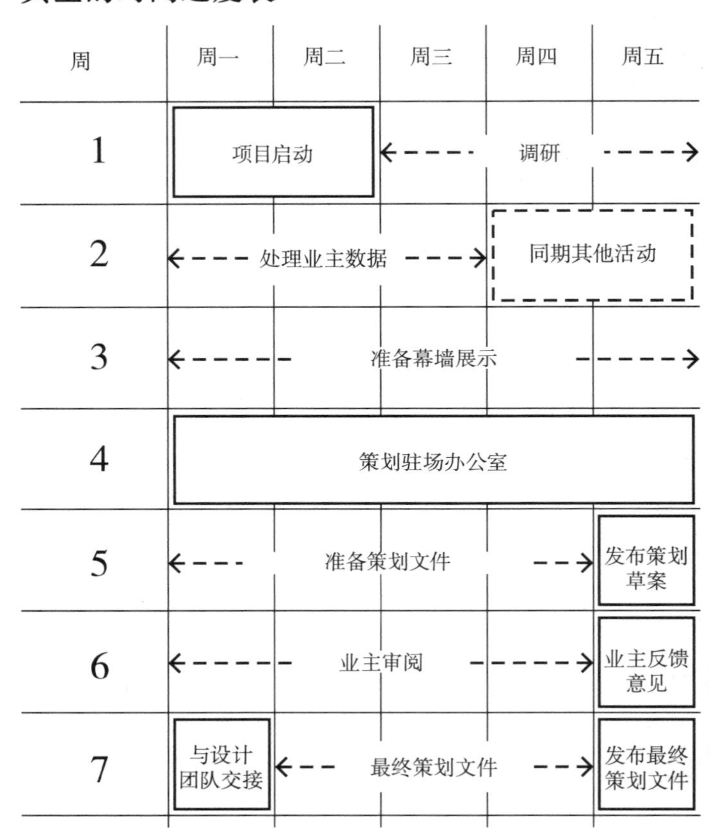

办公室准备

回到办公室后，策划者应对相关的建筑类型、使用者特征和面积参数进行研究。他们应该与成本估算人员联系，收集不同施工质量水平的成本数据。

收到使用者返回的调查问卷后，策划者应对其进行整理和汇总列表。应该对从业主单位收到的所有数据加以分析并转化为有用的信息。这些数据应该通过信息索引表进行组织和分类。

一旦受到业主反馈的信息，应进行判断：这些数据是否是最新的？是否是完整和一致的？如果需要新的数据，是否有足够的资源来及时收集和处理？

通常，所需的信息分散在一个组织内部的不同地方，策划者必须协调收到的信息。例如，设施部门有一个现有空间的准确列表，每个工作空间都有一个特殊的标签，但这些空间单元和空间的标签可能与财务部门提供的报告不一致，因为财务部门通常使用全职等效人数而不是空间单元进行统计。计算机应用程序可以帮助对收到的信息进行排序，并找到丢失或不一致的内容。

通常，收集背景信息并准备幕墙展示或其他演示媒体需要5个工作日。策划者在棕色纸上以图形方式编制和生成初始空间要求，并围绕初始目标、调研结果和重要的概念准备一套分析卡片。根据信息索引表进行的审查，将发现缺少的信息以及在第4周办公室访谈期间需要提出的问题。此时，对总预算进行平衡测算是十分有效的。项目经理也可以准备一个初步的项目交付进度表。

策划驻场办公室

策划驻场办公室解决了与相距很远的业主进行联络

典型的驻场办公室工作会议
图片由美国HOK公司提供

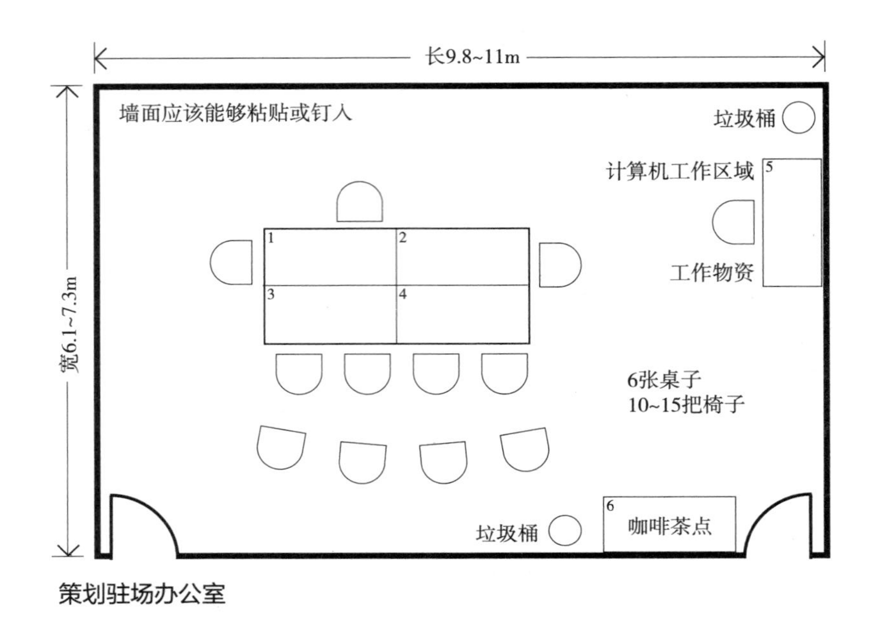

策划驻场办公室

沟通的问题。驻场办公室最好设在业主的办公楼内，并能俯瞰整个场地。这样，策划团队可以方便地与使用者和所有者进行交谈和并做出决策。

为了提高工作效率，应该将团队成员及办公室电话和其他项目隔离开来。通过这种方式，他们可以专注于手头的任务。第4周的策划驻场办公室会议应遵循经过深思熟虑的议程。一般从周一早上布置办公室开始。办公室最重要的特征是有足够的墙面空间来钉住或粘贴相关演示资料。策划团队负责召开项目关键参与者参加的启动会议，介绍策划过程，各项活动安排以及目前项目的总体情况。告知参与者访谈的时间和希望从他们那里了解的内容。

周二和周三，应在策划驻场办公室对各个业主或使用者群体进行访谈。大多数访谈可以在一小时内完成。在每个访谈之间应该有一个小时的间隔，以便将粗略的访谈笔记誊录到分析卡片上，或者打印出会议记录。每个使用者群体可以检查其先前提交的“需求列表”，并在棕色纸上进行修改。策划者应该利用访谈进一步了解使用者对问卷的回答，并印证策划者的结论。

借助信息索引表，访问者可以发现新的数据。在访谈中，策划者必须推动相关人员做出决策。他可以提出替代方案或对收益和风险进行评估以促进决策。有关次要设备的详细信息已记录成文档，但会推迟到深化设计阶段才会使用。

业主或使用者应该重点介绍项目特殊的目标和功能关系，以及预期的物理和心理环境。与业主或所有者和

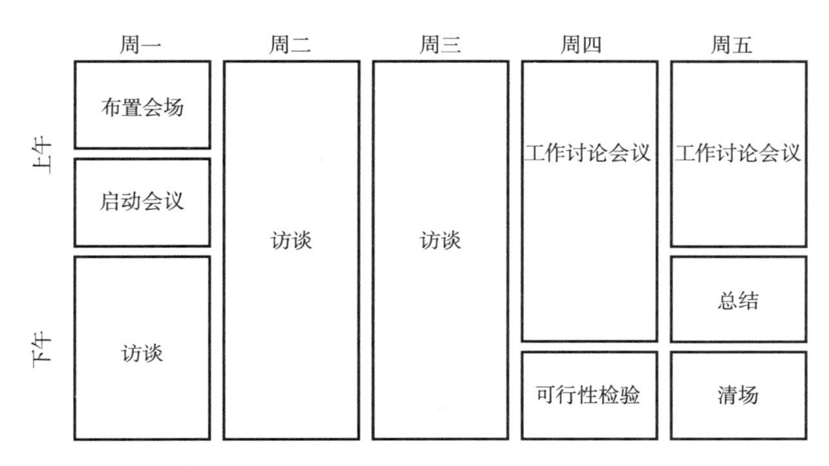

策划临时办公室日程

管理人员的访谈有助于知晓项目目标、运营目标以及整体概念。这些访谈应关注组织、财务、变更、成本和质量控制等议题。访谈依赖于业主的积极参与。无论有没有访谈，工作讨论会议都是不可缺少的。周四，策划者应汇总并展示过去三天内审查的所有信息。信息展示可以采取向业主反馈的形式。实际上，信息展示是对策划者认为重要且相关的信息进行说明。

策划者可以请客户对汇报的信息进行确认，并对相互冲突的信息做出决策；或者策划者也可以提出问题，并要求业主加以解决。

在工作会议期间，实时输出信息是必不可少的。因此，提供笔记本电脑和打印机的工作区域，并连接互联网是十分重要的。应指派专人对访谈期间的信息变化进行记录，在适当的时候指出缺失的信息，并在发生变化时提供用于棕色纸阶段讨论的摘要报告。

这也是一个举行可持续性前期设计工作会议的理想时间。项目团队和主要利益相关方会面讨论，确认可持续发展目标，并使用绿色评级系统以确定预期的建筑性能等级和能耗设计要求。这是主要利益相关方在预期建筑性能水平问题上达成共识的关键时刻。例如，项目可能被设定为LEED评级系统的级别之一：认证级、银级、金级或铂金级。通过了解业主预期的建筑性能水平，策划团队可以使用各种分析技术来确定哪些可持续理念应该在设计过程中予以考虑。

但是，工作讨论会议最关键的功能是在项目总预算与空间要求和施工质量之间达成平衡。图形分析卡片和

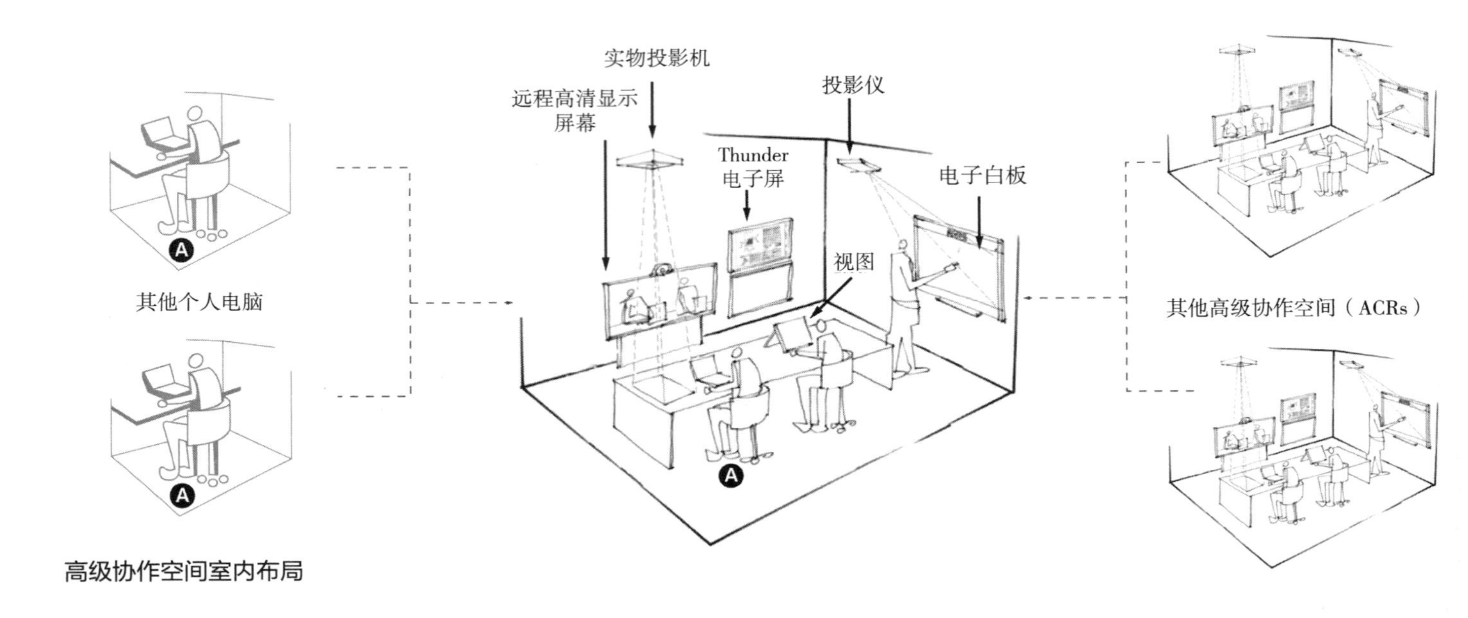

高级协作空间室内布局

棕色纸可以作为辅助工具确定空间策划和平衡预算。在向管理层进行展示时，电子表格也是特别有用的工具。使用这些工具可以帮助业主做出决策。在业主不经意提到时，应该提出替代方案以供权衡。通过电子投影仪将电子表格直接从笔记本电脑投影到屏幕上，可以使更多人了解电子表格。接下来，为了强调所需的相关空间的尺度，将电子表格转化成图形形式（如棕色纸形式）也是非常重要的。

在周四会议结束前，应将初步的成本估算分析提交给业主的主要决策者，以确定项目的可行性。通常，使用者提出的请求（“需求”）可能会超出预算很多。因此，重要的是确定优先事项，考虑替代方案，并就项目涵盖的范围做出决策。在本次会议之后，可以与各个小组再次会面并调整相关要求。周五上午可以进行这项工作并准备最终报告。周五下午的早些时候，应面向所有参与者进行总结报告，并要求初步批准已完成的项目策划成果。策划临时办公室的一周最后以清场、打包返回办公室结束。

虚拟策划会议

视频会议技术和数字协作工具的结合产生了一种新的技术，可以与不同地点的业主，使用者和项目团队成员举行会议。HOK公司的每间办公室都装有**高级协作空间**（ACR）系统，使用了视频会议和电子活动挂图技术。通过这些技术，策划团队能够迅速召集最具成本效益的团队，并与世界各地的业主进行沟通。不同于现场策划临时办公室，这些虚拟会议空间可以与多个不同地点的ACR办公室，或电脑里有协作软件的个人相连接。

HOK公司使用实时协作技术，使个人和团队能够以任何形式共享数据，无论在哪个地点、建筑或时区内都能一起进行头脑风暴。多屏投影系统可以在虚拟活动挂图中展示任何来源（计算机文件、纸质草图、桌面共享等）的数据，并且协作办公室的成员或远程参与者都能对其进行实时编辑。

策划文档

请求业主正式批准的报告主要以分析卡片和棕色纸的复印内容为主，同时要有足够的文字对整个策划进行说明，不需要其他多余的内容。可以按照基于策划步骤的标准报告大纲撰写，也可以由策划团队准备一份更详尽、细致的报告。策划团队将这份初步策划提交给业主进行审查和正式批准。

批准和移交

有了业主的积极参与，正式批准应该不会困难。策划团队应将业主的反馈意见反映在幕墙展示和报告中。向设计团队介绍幕墙展示的内容是十分必要的，因为这些信息通常是按照一定规则进行编码的。图形分析、简洁清楚的策划内容以及口头表达有助于设计团队快速理解本来十分复杂的项目。接着，策划者应对可能影响建筑形式的信息进行特殊标记，以帮助设计师理解项目的问题。应该把问题说明添加到幕墙展示和最终报告中。剩下要做的就是印制最终报告，并将其分发给业主和设计团队成员。然而，能够将信息传达给设计团队的还是幕墙展示或其他可视化展示，而不是书面报告。

项目收尾

策划团队在任务结束前应将策划报告和幕墙展示材料存入档案馆，对相关文献编入文件索引，并将重要的电子文档放在可交付使用的文件夹、ProjectWeb或项目存档中。

策划报告大纲

A．**项目启动**

1．组建项目团队

A．组织项目团队

B．准备工作计划

C．准备数据需求清单

D．建立计算机应用程序和文件共享规约

E．建立项目通讯录

F．建设项目网站

2．与业主/项目经理会面

A．明确业主的决策者

B．请所有者/高层管理者提出一套初步目标

C．安排业主/使用者进行策划驻场办公室访谈和工作会议的时间表

D．从现有文献中获取数据

E．获取容量/员工需求

F．获得场地调查和土壤分析报告

G．获得现有建筑设施的平面图

H．安排使用者调查问卷的分发/回收（如果需要）

3．与业主/使用者代表召开项目情况介绍会（可选）

B．**同期活动**

1．进行场地分析

2．考察既有建筑或类似的建筑

3．请业主的项目经理安排参加策划驻场办公室访谈和工作讨论会议的人员

4．请业主的项目经理在使用者单位和场地附近安排策划驻场办公室

5．回收使用者调查问卷

C．**办公室准备**

1．研究建筑类型/业主

2．研究成本数据和面积参数

3．将回收的使用者调查问卷进行整理和制表

4．分析从业主那里获取的数据

5．准备幕墙展示

a．在棕色纸上列出初步的空间要求

b．绘制初步分析卡片

6．准备策划驻场办公室的访谈问题

D．**策划驻场办公室**

1．布置办公室和幕墙展示

a．解释研究方法

b．解释访谈的目的和时间

2．访谈的主要内容

a．与业主/使用者人群

（1）收集特殊的数据

（2）检验展示幕墙上记录的信息

（3）准备进一步细化的工作内容

b．与业主所有者/管理层

（1）确认之前获得的数据

（2）发现新的数据

3．召开工作讨论会议

a．向业主汇报信息的实际影响，并请求确认

b．明确需要协调的冲突

c．找出尚待解决的问题

d．检验项目的可行性

（1）平衡总预算与空间要求及施工质量

（2）考虑平衡预算的替代方案

e．进行最终修订

4．与业主/所有者和使用者人群召开总结会议

a．根据一周的工作内容进行墙面展示

b．获得策划的非正式批准

5．清理策划驻场办公室，回到各自办公室

E．**策划文件**

1．遵循标准大纲

2．根据分析卡片制作项目初步策划

3．将初步策划提交给业主并请求正式批准

F．**批准和移交**

1．接收业主的评论意见

2．获得业主对策划的批准

3．修正幕墙展示和报告文件

4．向设计团队介绍幕墙展示的内容

5．与设计师一起撰写问题说明

6．重新打印并分发最终报告

G．**项目收尾**

1．将幕墙展示和报告归档

2．更新文件索引

3．将电子文件存储在共享服务器上的可交付文件夹中

建筑策划复杂度的四个层级
Four Degrees of Sophistication

建筑策划的发展经历四个层次的复杂过程。这种认识是在专业领域经过多年实践，并与客户在各种情况下合作所得出的。四个层次复杂度的划分是以实际经验为基础并经过了充分检验的。

问题搜寻法包括五步法和四项基本考虑因素，该方法在这四个层次中同样适用。在第四层次中，四项基本考虑因素扩大到五个，以涵盖城市问题中的政治因素。

第一层级

建筑策划的第一层级主要包括传统的建筑服务，其中建筑师只需对业主提供的信息加以组织，添加场地分析的信息，并对项目的经济可行性进行简单检验。这些信息对说明问题已经足够了。

两阶段过程可以针对设计过程的两个阶段——方案设计和深化设计——收集合适的信息。用第一代策划方法可以设计一个简单的也许是单体的建筑——通常是常见的建筑类型。

如果策划者对业主的建筑类型缺乏经验，那么他需要通过文献研究，调研类似项目，并利用其他资源获得项目的背景知识。这些背景知识将有助于策划者与业主沟通，并理解问题的本质。

如果业主或所有者同时又是使用者，那么决策会更加集中。组织结构比较简单的业主可以成为建筑策划团队中一个活跃的、起积极作用的成员。这样，业主或使用者可以参与项目的全过程。棕色纸幕墙展示、分析卡片，以及电子数据表和文字处理工具是本阶段建筑策划所涉及的主要技术。

第二层级

第二层级的建筑策划工作范围扩大，可以利用计算机技术处理大量数据，这也增强了建筑师问题搜寻的能力。这些扩展的计算机应用程序包括**电子数据表或数据库**，用于：

- 生成空间需求
- 管理空间目录
- 分析功能关联
- 计算财务数据
- 分析可选的策划方案

对于一些需要总体规划的项目，**两阶段过程**可能变成一个**三阶段过程**，即总体规划、方案设计和扩初设计。针对每个阶段收集合适信息的做法仍然适用。

在建筑策划发展的第二层级中，建筑师开始向业主提供**咨询服务**，并引导业主做出决策。建筑师在推进项目的过程中起主导作用，并通过广泛的访谈、统计数据分析和远期预测提供大部分信息。

设定目标和妥善解决相互冲突的价值取向是很耗时的工作，但也是本层次策划工作中极其重要的方面。这项工作最好由熟悉业主的建筑类型、具有社会和政治意识的**专家**来做，他们可以与**具有复杂组织结构的业主**进行有效沟通。

第二层级的建筑策划可以处理**复杂的建筑群体**。建筑师必须“专攻”所处理的建筑类型，具有丰富的经验和**案例数据库（标杆管理数据库）**，能够对空间参数和工作量有准确的认识。建筑师的经验将有助于检验项目的功能、组织关系和概念，并理解业主的组织结构对项目的影响。

这一层次的建筑策划团队更加注重跨学科的配合，需要各种专家来分析问题，解决复杂的功能组织要求。

业主仍然是最终的决策者。比较特殊的是，这一层次的业主一般都是具有多重领导的团体，这其中项目的所有者不一定是最后使用者。使用者群体可能由若干单位组成，且他们的利益可能相互冲突。

第三层级

这个层级的建筑策划仍然围绕建筑设计做工作；然而在设计阶段的策划开始之前，通常需要解决**很多预策划的议题**。分析需要增加对业主现有运营和功能规划的调查，这两项是管理活动的重要内容，与业主单位的社会和功能组织结构及高效运营有密切关系。

项目团队和业主单位的**管理协调**成为这一层次的重要环节——工作组织、旅行安排、展示材料的准备以及关键决策的时间安排等，以使项目能够顺利推进。

这一层级的建筑策划主要针对**大型综合用途项目**，例如整个工业园区、军事营地或大学城等。这些项目涉及全面的总体规划，包含各种建筑类型。这个层次的策划工作可能需要高度专业化的多个大型公司或合资企业进行联合操作。

深化设计阶段的策划需要多专业顾问的丰富经验和大量详细的文档资料，以帮助建筑师和顾问做出正确的决策和建议。

除了项目的规模之外，这一层次建筑策划的另一重要特征是建筑师在没有业主参与的情况下负责整个项目的推进，或者将业主的参与度降至最低。

在业主—所有者和建筑师之间可能存在一个**非常复杂的管理机制**，处理相关决策问题。但是，一些重要的决策还是专制性的，由业主公司最高负责人或政府领导做出。使用者团体**可能、也可能不能参与整个过程**。但是，建筑师还是要创建一个使用者单位的组织模型，并编写使用者特征说明。为了组织在不同地点工作一个大型团队，需要使用**电子演示技术、电子邮件以及基于网页**的发布，这些技术有助于组织大型的团队会议。

第四层级

这个层级的建筑策划将增加**城市规划问题**，因此，对于功能、形式、经济和时间的思考将扩大以涵盖**政治考虑因素**。建筑师或城市规划顾问将参与**政府层面**的讨论，规划问题将与政治议题和权力斗争掺杂在一起。

第四层级的建筑策划将涉及**城市发展**中一系列松散连接的问题。这些问题**并不总是以建筑设施为导向**。这些问题中的典型问题是公共财政支持的项目，其中建筑设施的规划和设计相比项目选址、用途、融资和公众接受程度等较大问题来说，将成为次要问题。

为了经得起**公众的监督**，在做出相关建议之前必须进行详细的研究。希望在此环境中提供服务的建筑师或规划师必须能够应对与项目有关的所有议题。他必须不断寻找替代方案和策略。

这一层级的建筑策划涉及公共财政支持的各类建筑项目，需要各种规模的**专业公司**参与。这一层级的建筑师需要有强烈的公共服务意识，并对官僚流程有很高的容忍度。

信息索引表增加了**政治动机**这一项。这就意味着相关决策可能会为了维护公众形象和权益，将所有的逻辑放在一边。这种复杂的业主组织结构意味着更多的利益冲突，更长的筹资时间表，以及增加**游说团体**和**政府机构**的公共汇报演示。

小结

建筑策划四个不同的层级取决于问题的复杂程度和业主的组织结构，同时也与项目团队的构成和业主对服务的要求有关。

复杂性程度的总结

特征	第一层级	第二层级	第三层级	第四层级
过程的阶段	两阶段	两或三 阶段	三阶段	涉及政府的
服务类型	传统	咨询服务	预策划	不总是和建筑本身有关
建筑类型	常见	建筑类型专家	多专业咨询顾问	城市规划
范围	简单的单体建筑	复杂建筑类型	大型，综合用途	城市开发
项目团队	单独团队	跨学科团队	全面策划管理或合资企业	专攻公共服务的公司
业主的组织结构	简单结构	复杂结构	管理组织结构和审批程序复杂	复杂的组织结构并受游说团体影响
决策	集中	分散	高层专制	政治因素驱动
使用者参与	业主/所有者/使用者参与	利益冲突的使用者群体	使用者团体不参与	游说团体
研究	以项目为中心的背景研究	相同建筑类型的数据比较	整理各种依据并提出建议	接受公众的监督
计算机应用	文字处理和电子数据表	电子数据表和数据库的大量使用	电子演示技术	多媒体沟通

各项条件 Variable Conditions

策划者必须明确对其提供的策划服务范围有决定作用的条件，以及需要使用的技术。不同的情况需要不同的解决方法。以下内容将有助于明确这些条件。

1. **明确问题类型**

策划者的任务是定义合理原则，是转换概念还是决定一个战略问题，会有很大区别。

定义一个合理问题，强调事实和需求，并为所要求和预算许可的面积条件寻找依据。通常，面积分配方案必须获得各部门负责人的签字同意。转换概念问题，强调目标和概念，寻找新的创意。整个组织内部都会出现好的想法，因此这类问题需要高度的参与性，通常以焦点小组讨论为基础进行组织。战略分析涉及所有步骤，在每个层次的细节上展开讨论。目的是使对问题的思考更加清晰，参与人员倾向于“需要知道的人”。

2. **明确策划类型**

项目策划的内容是场地总体规划、建筑设计还是室内设计，也有很大区别。

信息的来源各不相同：董事会关于总体规划的政策，管理层关于方案设计的决策，以及逐个房间使用者对深化设计的详细要求。

3. **明确策划深度**

项目策划服务有两阶段和三阶段之分。两阶段策划：（1）用于方案设计；（2）用于深化设计。三阶段策划：（1）用于总体规划；（2）用于方案设计；（3）用于深化设计。

这是根据项目策划细节做出的划分。为总体规划所做的策划必须对粗略的数字和笼统的信息进行完善以用于方案设计，并将其进一步优化以用于深化设计。这一过程就像从使用缩小透镜观察整体到使用放大镜观察细节一样。这一最有效的过程可以为下一步的分析工作收集适当的信息。

4. **确定具体信息的时效**

项目策划工作对相关条件可能有严格定制的要求，也可能有宽松的要求。对于第一种情况，建筑的前期工作可能会进行得很顺利，但之后不得不进行更改以适应相关条件的变化。对于第二种情况，项目建设可以在宽松的环境下进行，但宽松的条件也可能耽误一些必要的变更。

5. **量化参与程度**

业主是一个人还是一个团体有很大区别。

要明确参与者，必须询问业主：谁是决策者？谁必须参与决策？谁掌握信息？信息应该向谁汇报？

6. **确定参与态度**

有的业主愿意参与项目策划的过程，有的业主完全依赖策划者和顾问提出具体建议，这两者态度会产生不同的影响。

如果业主对策划书和建议有依赖性，那么策划者和顾问将承担重大责任，需要进行全面的研究和比较分析，以证明每项建议的合理性。

7. **确定决策层次**

决策权利是集中的还是分散的，这也有很大不同。

当决策权利下放时，策划者将面临最严峻的挑战，要通过大量文档和图形分析技术来协调不同的观点。当决策权利集中时，策划者必须确定这个决策者并尽早与其面谈。与重要的决策者的谈话可能会受到其周围众多工作人员的保护，但工作人员很容易错误解读决策者的意图（要避免他们的误导）。

8. 确定现有信息的可靠性和有效性

信息可以是由业主和顾问提供给策划者，也可以是由业主和策划者共同讨论产生的，这会有所不同。

对于第一种情况，信息可能是不完整的，咨询顾问几乎不会提供场地和预算分析信息。他们更不会提供合理的建筑面积效率信息。对于第二种情况，策划者有责任确保信息完整并预测其合理性。

9. 确定可交付成果的使用者和质量

项目策划报告可以是项目团队使用的工作文档，也可以是一份带有计算机图表和附加说明的，细化后的文件，供第三方使用。这也会产生不同影响。

如果是工作文档，则需要复制分析卡片，补充文字说明和数据表格。如果业主要求提供文档的电子版并通过桌面系统发布，那么项目策划者需要话费更多的时间和精力对文档进行完善。

10. 确定建筑设施的规模和类型

有些建筑类型有特殊要求，如一座1958年的核能研究中心，有些则是常见的建筑类型。

对于常见的建筑类型，可以根据过去的经验得到空间尺寸参数。对于特殊的建筑类型，策划者需更多地依靠背景研究和使用者对空间尺寸参数的要求。

11. 确定预期时间跨度和关键日期

项目流程可以采用传统时间表来安排，也可以按照并行时间表来安排。

并行时间表（也称为快速跟踪表）调度需要更快地做出一些决策，更早地锁定预算，空间策划更加宽松，对空间参数的预测更快且更笼统。按照并行时间表进行的项目策划所用的总时间量与传统时间表所用相同，但对于并行项目策划来说，最初的项目策划周期更短，需要更有经验的项目策划人员。

12. 确定业主是否有固定预算

业主的可用资金可能存在一定的限制，也可能所需资金尚未确定。

实际上，每一位业主的预算都是有限的。或早或晚，这个限制都会出现。开放式预算意味着全权委托自由处理，但它只是推迟了平衡预算的时间。无论哪一种情况，都可以使用早期试运行成本估算来接近不可避免的固定预算底线。

13. 确定是否需要成本估算人员

建设项目的成本和施工质量可以基于一般经验（成本、地点、时间、质量）做出，例如50美元/平方英尺（323美元/m^2），也可以将单位成本细分到每一个子系统中。

如果在策划期间提出建筑系统性能要求的具体说明，那么成本估算将更精确也更耗时。对于技术要求较高的建筑或是涉及建筑现状评估的改造项目，策划团队通常都需要一位成本估算的专业人员。

如何简化设计问题
How to Simplify Design Problem

一些建筑设计问题很常见且简单，容易控制。另一方面，有些建筑设计问题确实很复杂且独特。这些问题必须进行简化，使其变得明晰，以便于控制。

一开始就要采取有组织的方式。使用信息索引或最基本的步骤和思考框架。如果你根据五步法，从信息查询入手，你就不会毫无目的地浪费时间。你会知道最终产品是什么：问题的陈述。当问题复杂且独特时，分析在明晰问题方面确实有效。使用四项考虑要素作为信息的主要分类方式，问题就可以变得明晰。

毫无疑问，有许多方法可以使设计问题变得容易控制。项目策划人员必须智慧地引导业主，以便在合适的时间做出正确的决定。明智的决策有助于简化问题。良好的沟通技巧和图形分析一定会有所帮助。阅读下面的三种方法，注意它们是如何帮助简化设计问题的。

1．**使用五步法**

a．收集信息并确定其有效性——通过找出不同步骤中信息的相互关系，将事实和空想分离。

b．发现相关信息——通过检验目标和概念对设计的影响，来明确他们是否是设计问题的一部分。

c．将海量事实信息处理成简明有用的信息——通过确定数据的含义和直接影响。

d．分析客户的先入为主的解决方案，确定其实际需求——通过将解决方案追溯到策划概念甚至回到项目目标上来。

e．专注于对方案设计至关重要的信息——通过过滤更适合日常工程或深化设计的信息。

f．将主要概念与具体细节区分开来——从一般到特殊。

g．组织信息进行合作评估，寻求共识并做出决策——从最后的需求追溯到目标，事实和概念。

h．对问题做出清楚地陈述——通过找寻本质，认识到显而易见的事物，并发现问题的独特性。

i．指导项目团队的各个成员共同努力。

2．**使用四要素及其子类别**

a．搜索足够的信息以提供清晰、全面的认知。

b．对构成整个问题的各种因素进行分类。

c．在关注主要因素的情况下，还要关注整个问题。

d．分析整个问题——明确子类别和子问题，并理解它们之间的相互关系。

e．在相互关系的限度内对子问题进行逐个分析。

f．专注于建筑设计问题的要素，而不是其他一些无法控制的问题。

3．**引导业主做出决策**

a．建立策划需求。

b．减少未知事物的数量。

c．提供更完整的信息。

d．备选的设计解决方案数量不宜多，只保留那些回应了设计问题的方案。

实用技术 Useful Techniques

信息是策划的基本元素。事实和想法，条件和决策，统计和估算——所有这些以及其他更多的内容构成了对信息的需求。本节将介绍数据处理成信息的过程，重点关注沟通技巧——如何帮助决策和信息的传递。

技术的进步为项目交付、团队沟通和信息管理提供了许多新的手段。这些发展使策划者的角色从原来的引导者、分析师和记录员扩展到项目信息管理角色，特别是在满足和改进业主的要求方面显得尤为突出。

因此，将从本节开始介绍数据管理技术，为当下最新的电子工具提供一套使用准则，这些工具改进了策划者与业主合作进行策划的方式。在最初的问题搜寻工具（如分析卡片和棕色纸幕墙法）的基础上，本节将介绍用于收集、分类、分析和汇报策划信息的新技术。在互联网上，也可以搜索到大量有关项目场地和周边环境的信息，还包括有关业主公司组织结构和活动的背景信息。

最后，将介绍正飞速发展的、用于虚拟通信和协作的远程通信技术。这些功能建立在用于现场与使用者和业主面对面访谈，以及召开工作会议的传统技术的基础上。

策划者必须是一个数字信息管理方面的多面手，要做到这一点，首先得建立起项目信息收集、分析、保存和传输的协议。

根据需求分析所需策划信息的数量和复杂性，策划者将选择一个合适的计算机应用程序以便管理。图形传播技术可帮助业主和设计人员理解一些数字的大小和概念的含义。因此，在设计和施工团队所使用的计算机应用程序中，信息的数字传输和互通性受到越来越多的重视。

策划还涉及信息的反馈和前馈，这就是为什么我们用策划包评估技术和建筑评估技术作为本章的结束。要得到业主对策划方案的批准，通常需要准备一份策划报告。最终，业主应该能够通过评估策划包中的信息，而无需参考最终的设计，来判断项目的好坏。这是一个很好的建筑项目吗？使用下文的一套问题集，便能找出答案。

数据管理 Data Management

策划步骤中定性和定量的步骤是交替进行的。从本质上看，目标、概念和问题陈述步骤是定性的，而事实和需求步骤则是定量的。计算机程序可以提供各种有助于管理和分析数据的功能，包括定量的和定性的。尽管计算机通常用于分析定量信息，但策划者还可以使用计算机进行带有定性和交互性质的墙面展示或电子演示。掌握基于计算机的应用程序和建筑信息模型（BIM）是当今策划过程中不可或缺的一部分。

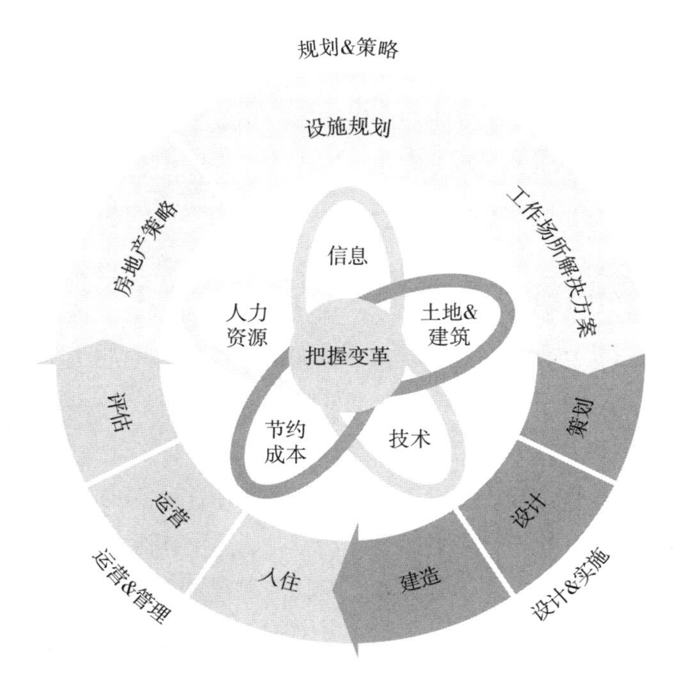

建筑信息生命周期

建筑信息生命周期

道格拉斯·谢尔曼在20世纪80年代提出了设施管理信息生命周期框架的概念。今天，为了有效利用策划信息，思考建筑信息的生命周期以及这些信息是如何越来越多地通过数字格式进行处理是非常有益的。策划过程就是启动这一生命周期的设计和实施阶段。

详细程度

各个组织的建筑信息要求基本相似，主要在细节层面上有所不同。共同点是主要的数据项都可以用实体来描述。这些实体表示了建筑信息生命周期的细节层次：地块变成承载设施的场地，设施中包括将每层楼分解为**房间和空间**的**建筑**，这些房间和空间又由固定的和可移动的**设备**支撑。

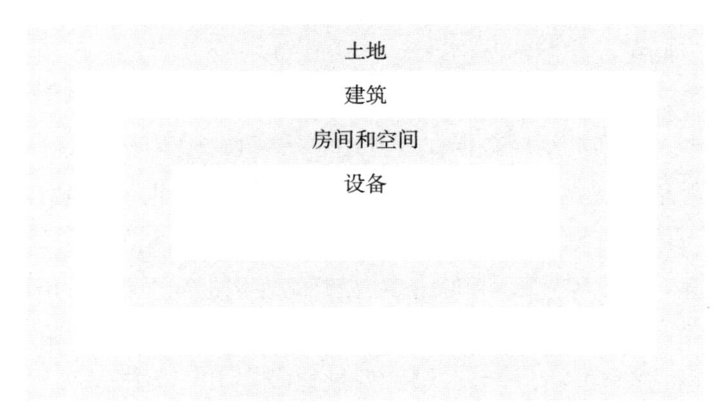

设施信息实体

数据源

有条不紊的策划者会力求最大限度地减少数据收集和输入所花费的时间和精力，同时把尽可能多的时间留给分析。但是，作为所有分析的基础，有效和干净的数据也是至关重要的。一开始就正确地设置好策划数据，比之后纠正错误的设置要容易得多。为了达到这个目的，应该找到最合适的数据源，同时为数据输入和筛选分配足够的资源。数据源可能是纸质版或电子版。电子数据通常更容易设置和链接。无论何种获取数据的方式，如与业主或使用者访谈或是召开工作会议，策划者都要确认收到数据的有效性。

业主方的数据对策划过程来说是十分必要的。其来源包括人力资源、会计和其他部门的数据库，通过这些数据可以快速明晰现状。同时它也有助于明确需要面谈的部门。准确并详细地记录现有信息可以节省许多去各个部门收集信息的时间。同样，策划者可以获取公司内部组织架构的标准（如果有的话），以形成策划过程中空间组成标准的基础。

网络支持许多信息源，包括公开文件中的可以明晰业务资产的组织数据，有时还包括核心员工和公司目标等信息。美国中央情报局（CIA）出版的《世界概况》可用于查询项目所在地区的基础气候数据和经济相关信息。包括维基百科和一些社交网站在内的未经验证的网站，也包含策划过程中涉及的人员和组织的信息。政府网站包括各省、市、经济发展以及K-12（美国基础教育）和高等教育网站。从这种方式收集的任何信息都必须向业主进行求证。

纸质版

- 问卷调查结果
- 业主组织结构图
- 现有设施平面图/启动区域
- 现有设施考察记录/现场照片
- 访谈/分析卡片
- 空间面积分配标准

电子版

- 电子版问卷结果
- 人力资源数据库
- 设施/房地产数据库
- 计算机辅助设施管理（CAFM）
- 计算机辅助设计（CAD、BIM）
- 房间使用图纸

链接数据源

链接数据源时切忌在多个数据库中复制相同的数据。例如，获取员工和组织结构数据时，应将实时数据更新从原始源文件夹映射到策划文件夹，以便策划文件夹从原始源文件夹中导入实时更新的信息。采用这种方式，在方案设计和深化设计阶段的策划均可以通过更新源文件和刷新实时数据来更新策划方案。尤其记得在最终汇报之前更新策划数据。项目团队可以将更新的策划数据整合到BIM中，然后合并到工作场所集成管理系统（IWMS）中。

互通性

在深化策划期间，策划者可以将信息以工业基础类（IFC）的格式绑定到建设资产中。IFC作为一种组织元素，不仅在BIM相关应用程序中通用，而且支持可通过所有BIM互操作的BIM资产信息，并最终实现集成项目交付。这项功能的优点是支持建筑资产数据从策划、设计、施工直至调试和运营阶段都保持一致。附加信息可与IFC对象相关联并进行汇报。

数据结构

数据组织的目的是管理从使用者获取的信息，然后以利于业主决策和建筑设计的方式对其进行分析和输出。虽然收集和分析信息的过程通常是迭代的，但在项目开始阶段，花一些时间来确定策划过程中可能需要的信息种类和分析类型是非常有益的。尽早明确可能的数据结构有助于高效的收集和分析信息。

在项目启动时，要建立一致的命名和分类原则，以便在收集数据时对其进行组织。理解各种信息源的局限性，有助于所建立的数据结构在细节深度上完善项目要求，优化数据收集和分析的时间。切忌重复。

电子信息管理

实现高效信息管理和交换的第一步就是设定团队技能和软件熟练程度的最低要求。决定以下事项：

1. 计算机应用程序的兼容性
2. 文件交换方法
3. 文件命名的一致性原则
4. 可访问的文件存储位置
5. 保存原始文件和更新文件的协议
6. 交换信息的方式：
   - 基于局域网/广域网的共享
   - 互联网——电子邮件
   - 互联网——网络/FTP站点/项目网络
   - 网络——可访问的SQL数据库
   - SharePoint应用程序
   - 策划应用程序

选择数据处理的应用程序

要分析定量数据，请使用电子表格或数据库。每种处理方法都具有独特的排序、汇总和报告功能，每个项目都有最合适的方法。最新的数据库技术和应用程序允许多站点、多用户访问一致的数据集，这有益于业主和策划团队之间的协作。系统还允许记录数据更改事件，可审计整个过程。

电子表格应用程序的特点

电子表格最好包含少于1000条数据集中的记录（例如员工或空间）。当业主组织结构、输入和报告发生变化和移动时，电子表格十分有效。它可以实现收集数据时进行交互，以获得高度定制化的、一次性答案。它对于测试变量和生成替代方案也很有用。随后，测试结果可以用来做出决策，而不是维护收集的数据。

数据库应用程序的特点

关系数据库应用程序可以快速处理大型数据集。它们是为协作、连续使用、维护和反馈而设计的。他们可以同时被几位策划者或业主使用。关键数据保存在一个中央源中，通常会将其备份以确保数据安全。它们在公司内部组织结构的信息系统环境中可以得到更好地集成。与电子表格相比，报告具有重复性、静态性和更少的交互性。与电子表格中的数据不同，报告中的所有数据都位于不同的独立表格中。相关项目是相互“链接”的（关系数据库）。理想情况下，设置需要在收集数据之前设计输入和输出格式。

SharePoint关系数据字段和表格等数据库应用程序支持用户自定义报告和一个更加协同的环境。

数据透视表

数据透视表使用电子表格应用程序，如数据库。数据透视表可以对数据库之类的信息进行过滤和排序。

出现以下情况时考虑数据库代替电子表格：

- 数据集中有超过1000条记录（例如员工或空间信息）。
- 详细数据可从其他电子资源（CAD、人力资源数据库）中获取，且可以实时更新。
- 位于不同地点的多位使用者需要输入和处理信息时。
- 复杂报告需要利用关系数据库的灵活性时。
- 需要使用大型数据集的多个报告版本时。

POR-BIM-IWMS 链路

建筑信息生命周期开始于需求策划（POR），以及可以为设计过程提供的详细信息。为了有效地工作，这个过程必须考虑到整个建筑设计、施工、调试和运营过程中出现的信息，从而使建筑信息生命周期顺利地进入下一个阶段。

建筑信息模型（BIM）是一种用于建成环境设计的基于对象的过程。对象可以是墙、屋顶系统的元素，椅子或固定的建筑资产等。对象由数据支持，数据不仅定义了它的三维形状，还定义了它的特征。这些对象构成了一个由数据支持的建成环境，数据可以显示所用材料的数量，也可以评估组合对象的行为表现，例如照明和能耗研究、结构分析，甚至防爆分析。

由于策划过程明确了空间和建筑性能要求，BIM可以获取这些信息来为之后的设计设定一个基础。因此，在项目之后的每个阶段中，策划和设计之间会建立一个三维环境的联系——这种联系甚至可能深入建筑入驻和运营管理的规划。设计迭代可以作为质量控制过程的一部分进行审核，使建成的建筑与业主的预期保持一致。

随着策划从方案设计到深化设计逐渐发展成熟，描述对象特征的数据也通过聚合附加信息而发展成熟，无论是策划数据库中的数据，还是通过与其他数据源链接获取的数据都是如此。例如，在方案策划的空间列表中笼统地描述为一个空间的房间将变成一个明确定义的对象，它与其他房间有着密切的联系，并且“包含”数据驱动的多个对象。

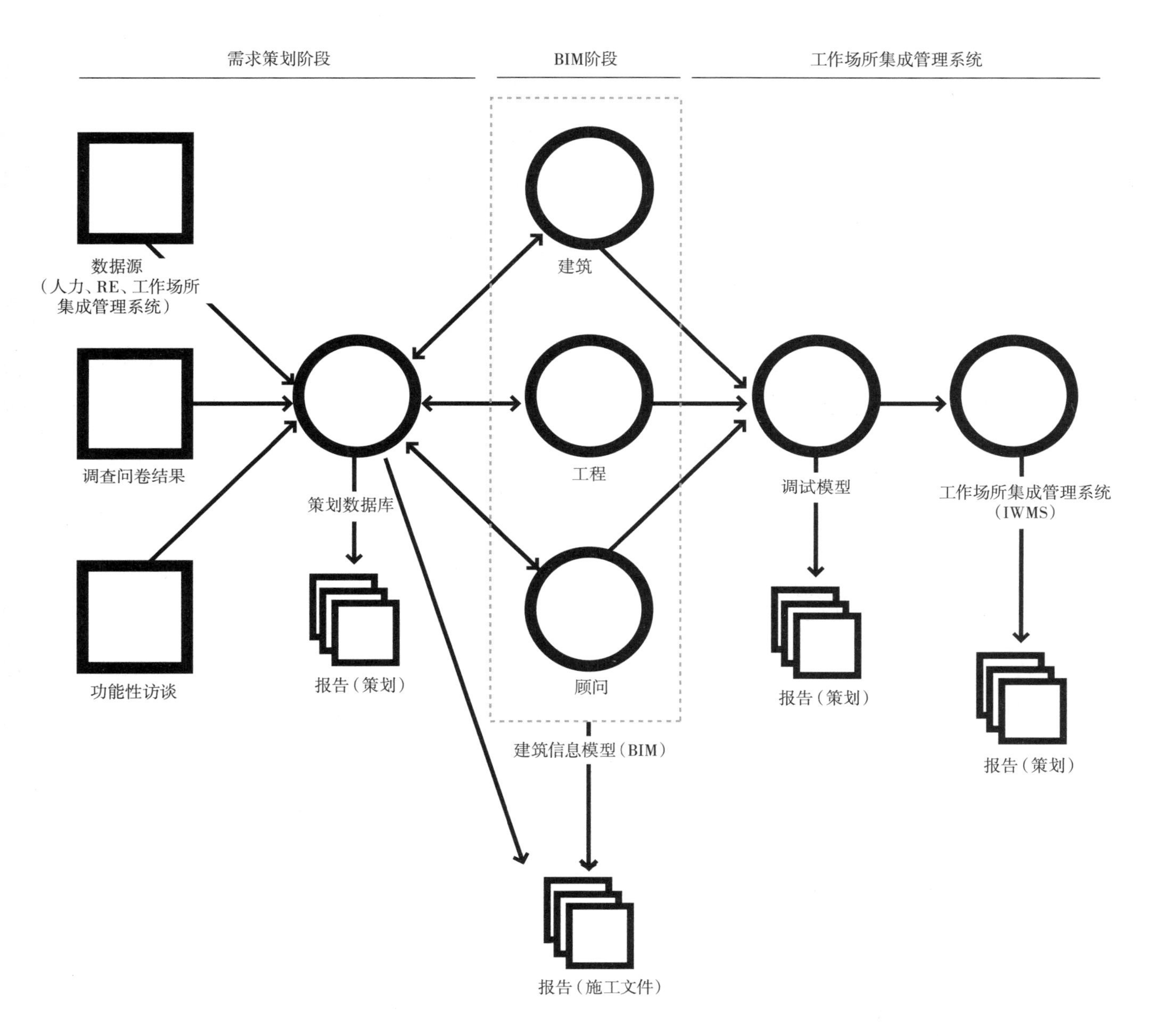

POR-BIM-IWMS链路

数据驱动的对象，例如家具，可以链接到制造商的数据库，从而显示材料、光反射率和火灾荷载阈值，甚至是生产进度和交付地址。连接上POR数据库后，建筑信息模型的功能就可以通过这种级别的数据链接或互连来实现的。策划为BIM功能增加了信息的丰富度，特别是通过添加“时间”和“阶段”等功能，业主就可以对设计过程进行审计。

在理想的策划过程中，支持设计阶段的数据可以从人力资源（HR）、会计（AC）和工作场所集成管理系统（IWMS）数据库获取。如前所述，通过将实时更新数据源映射到支持策划过程的文件中，表格中的信息与源文件保持一致。

信息“切片”将被用于拟定策划部门，用于明确使用空间、空间之间的相互关系、空间标准、当前已使用的建筑或它们的使用成本。通过发现已知的内容，可以开始搜索未知。策划者可以组织问卷调查，在可能的情况下，根据现有数据预先填写，通过电子邮件发送，业主通过与策划数据库相关联的网络环境得到反馈。策划者可以协调数据，明确缺失的信息，并为使用者访谈构建基础。策划者还可以在系统中记录访谈或提供手动输入策划应用程序的数据。

将数据输入进策划应用程序后，项目团队可以访问支持已识别角色的报告——策划者的验证文件、业主的批准、设计输入和改进的数据完整性。设计人员可以使用这些信息来完成建筑设计过程。BIM和策划数据库之间的联系使得在策划和设计之间可以进行审计，以确保合规。项目团队可以通过跟踪数据库，跟踪汇报策划要求发生的变化。这提供了一个跟踪工具来记录范围的变更。随着方案策划进行到深化设计，项目团队将信息添加到策划数据库和链接的BIM数据库中，以便两者通过设计过程互相支持。

当施工方添加建筑资产并修改BIM以记录建设期间的变更时，该模型将成为之后进行建筑调试的基础。之后，数据被输入工作场所集成管理系统应用程序，以进行建筑的维护和运营。BIM随后链接到工作场所集成管理系统，以便在运营期间进行空间分析、系统分析和系统/资产故障排除。

定制化与可重复利用性

重复使用模板和样板文件可以节省时间。但是，我们在这里介绍的策划方法最适用于独特的、不常见的和复杂的设计问题。大多数情况下，对于不同的业主、不同的业务范围等，项目本质上都是不同的，即使是相同的建筑类型也是如此。通常，每个项目都需要定制化的电子模板。

一般而言，策划者可以通过重新编辑相应的部分来重复利用问卷模板。为指定的策划类型创建的电子表格模板也可以用此方法。但是，需在相应的类别和步骤中输入所有信息以创建自定义报告，这一过程花费的时间可能有所不同。样板文本中有模板来解释运用的方法和报告中提到的组件。一定要谨慎，避免使用专有客户端的数据。

基于网络的交互式应用程序（如MS SharePoint和MS SQL）使策划者能够开发支持信息连续统一的环境。双向数据流如策划问题和响应，可以具有体现项目预期、监控设计、施工工作，以及提供有助于完成项目运营支持信息的能力。

这些环境提供了强大的用户界面，能够对数据进行分类排序和查询，为报告提供复杂的分析。建筑师或业主内部的组织结构可以管理这些应用程序，并允许整个项目团队访问这些应用程序。虽然建立基于网络的策划环境可以服务许多使用者和项目，但这可能会是一项重大投资。

如果项目时间允许，可以开发新的系统。但也要认识到，在策划技术上取得的许多突破正是在项目中回答一个新问题时。技术引入了创造性的分析过程，因此，时间管理变得很重要。

信息输出

策划者处理数据以向设计师提供有用的信息，同时获得业主批准。虽然用户信息的内容是相同的，但是对于设计师的目的来说，格式通常是不同的。使用者需要返回信息进行验证，并且业主需要它进行审批。计算机应用程序允许相同的信息以多种不同格式快速输出。数据输出不仅服务于设计人员和使用者，还有助于进行成本估算和尽职调查报告。在任何情况下，策划者都必须确保输出的数据是完整的和经过验证的。

策划者和设计人员转换信息以生成数据库中各种报告或视图，而最新的技术可以大大减少这项工作所需的时间和精力。当和基于网络的用户界面结合使用时，可以通过选择查询，并选中或取消选中参数来修改报告。这种节省时间的方法可以更有效地同时生成多份策划文件，从而提高信息的整体质量。

数据结构大纲

表中提供了组织与策划相关数据的方法。虽然下面列出的条目都是策划过程所需的核心数据，但还应注意设定采集和使用数据的标准，以确保在使用与之相关的术语和计算方法时保持一致性。

使用工业基础类（IFC）可以在描述BIM模型中的对象或构件时保持一致性，施工运营建筑信息交换标准（COBie）也为建筑设计与施工设备规范相结合设定了标准，这些规范也适用于运营应用程序。与此同时，还有其他新兴的标准，例如房地产开放标准协会（OSCRE），它给出了空间和房地产相关术语的定义。政府组织也在为这一新兴行业制定标准。

组织数据的基本要求是其采集和使用的一致性。定义规范的数据结构是策划、设计、施工和运营成功的基石。

数据组织大纲	
按内部组织结构分	按空间类型分
1. 总部	A. **办公空间**
2. 分公司	B. **办公支持**
3. 部门	1. 会议（可以归为核心服务）
4. 处	2. 部门存储
5. 科	3. 部门文件/图书馆
按人数/活动分	4. 部门设备室：复印机等
1. 员工总数（如员工、承包商）	C. **核心服务**
2. 新入职员工	1. 自助餐厅
3. 访客/顾客来访频率	2. 自动售货机
4. 会议时长及频率	3. 教室
5. 不同的工作任务/设置	4. 休息区
按时间分	5. 更衣室
1. 既有——真实	6. 中心图书馆
2. 现阶段——需求	7. 邮件收发/复印
3. 迁入——需求	8. 保卫室
4. 长期——需求	9. 医务室
5. 最终——需求/场地容量	10. 休息室
按地点分	11. 礼堂
1. 国家/地区	12. 特殊活动
2. 综合体（场地）	13. 设备运营维护
3. 建筑	D. **特殊设施**
4. 楼层	1. 实验室
5. 分区	2. 教室
	3. 其他特殊功能

信息交换平台和数据存储库

策划者的首要职责之一是建立存储和传输项目信息的系统。考虑内部存储库和外部存储库是十分有用的。此外，该项目可能同时有纸质版和电子版文档。

虽然数字信息是主要的存储形式，但策划者仍然需要保存好调查问卷、会议文件，以及最终可交付成果的纸质版备份。这对于数据采集阶段是非常重要的，因为可以为验证使用者或业主回复是否准确提供第二个参考来源。

内部：内部存储库位于公司计算机网络的防火墙内。电子存储需要在项目团队存储和归档数字文件的服务器上建立文件夹。HOK使用Newforma作为信息交换平台。对于搜索、组织项目文件、电子邮件，以及传输文档和跟踪问题来说，这是一种简单有效的方法。团队内部和外部的成员都可以使用它来检索和交换项目信息。该平台可以便捷地浏览信息和搜索信息，减少检索项目文件所需的时间。它使用关键路径方法来搜索电子邮件、会议记录、策划文档、图纸、技术规范或工程变更通知单。

外部：对于外部信息库，HOK使用的是一种基于网络的协作工具Project Web，它提供了一种人性化的方式，方便分布各地的项目团队进行交流，共享项目文档。信息存储在公司计算机网络防火墙之外的服务器上。所有团队成员，包括顾问和次级顾问都可以访问Project Web。它提供权限分级功能，以便管理访问权限。Project Web的功能包括：

- 发布头条和新闻的新闻中心
- 文件交换目录
- 团队活动/日历
- ProjectTalk，一个发布问题帖子和评论的论坛
- 团队通讯录/联系方式

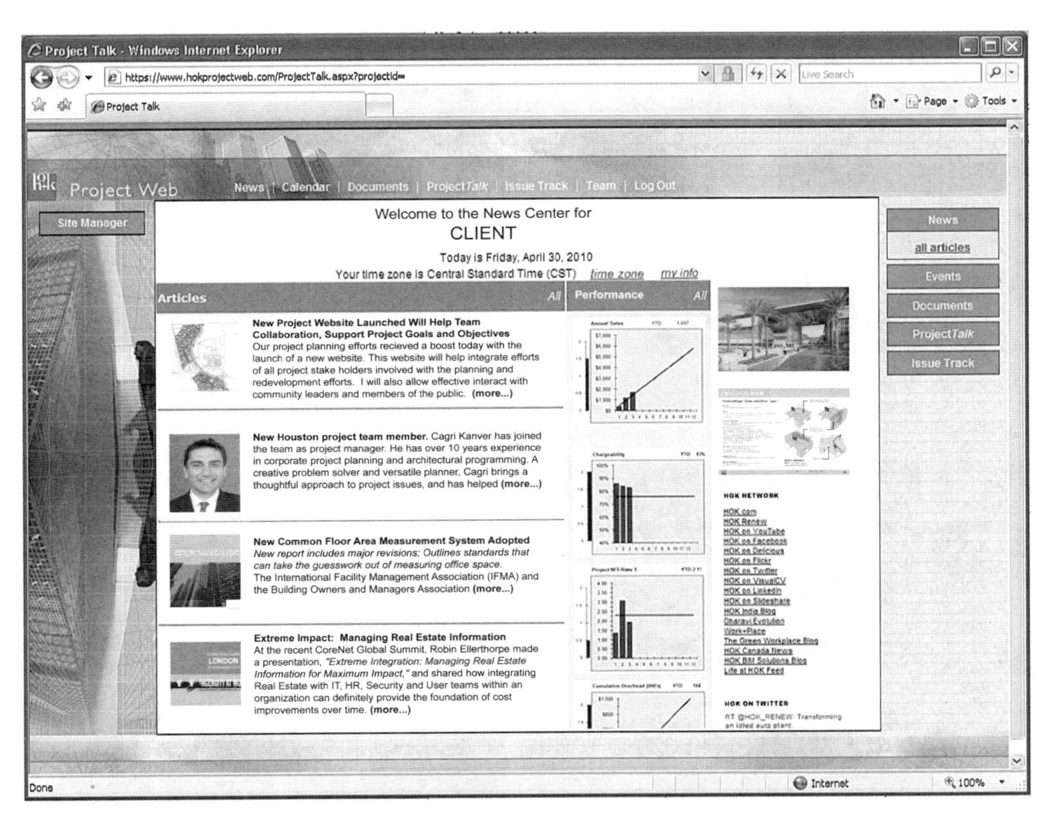

项目网上新闻中心

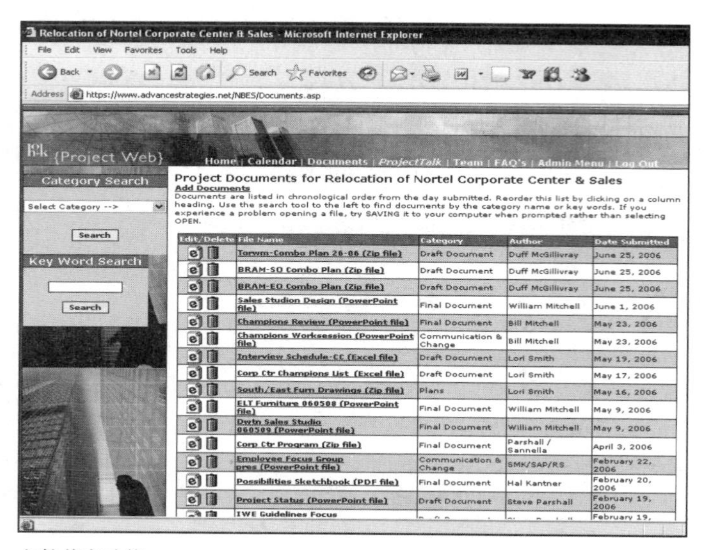

文件共享功能

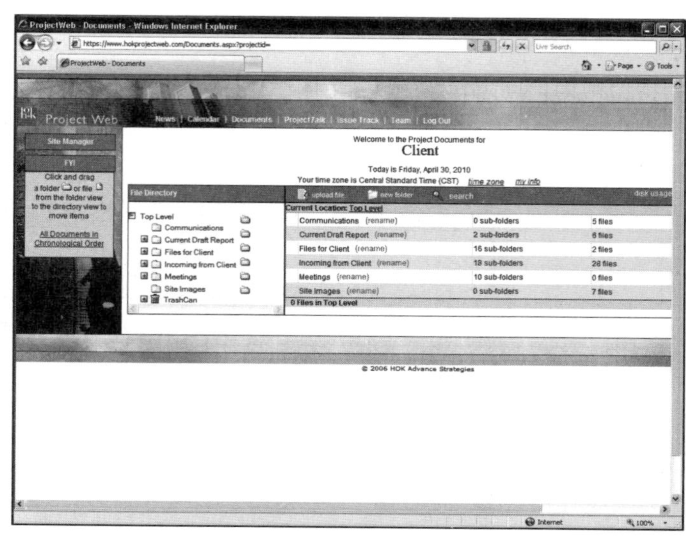

项目说——论坛功能

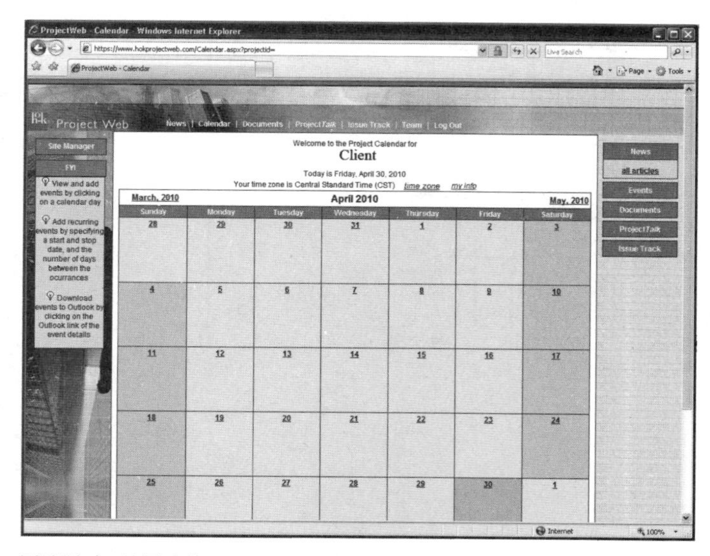

团队活动&日历功能

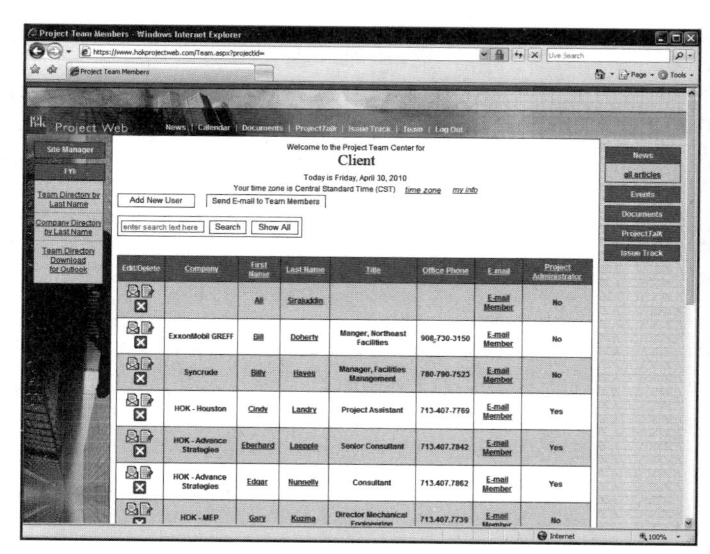

项目团队通信录

项目网站：分布各地团队共同使用的基于网络的公司外部信息存储库

调查问卷 Questionnaires

调查问卷是背景研究的内在组成部分，但是对于一个成功的项目来说，它只能提供一部分数据。项目策划者必须理解这些数据的价值，使用它们时必须理智。

一份成功的调查问卷必须构思缜密，针对特定人群精心设计，并且像步枪一样准确，而不是像霰弹枪那样遍地开花。优良作法是与代表性受访者一起预先测试问卷。合理地使用术语，确保被访者能够提供所要求的信息。如果不能，在大量分发问卷之前对其进行修改。

调查问卷或调查表通常是建筑师给业主和使用者的第一印象。由于调查问卷可以有助或有损建筑师在业主心目中的形象，因此设计和使用问卷时必须谨慎。在设计调查问卷时，请注意以下原则：

1. 明确所需的数据和获得它的最佳方法。询问以下问题：

需求是什么？

谁是业主？

如何提问和回答问题？

提出问题的最佳载体是什么？

2. 考虑两种或更多类型的调查问卷：一种给管理人员（宽泛的、战略性的和定性的），一种给使用者（具体的、实用的、功能性的和定量的）。

3. 针对不同人群定制调查问卷，以便从合适的人那里得到准确的数据。

4. 尽量易懂、清楚、简洁明了。

5. 提供答案样本——包括不同类型回复的示例。

6. 提供清楚的填写说明——不要想当然地认为受访者以前做过这项工作。

7. 问卷应该尽可能简短、具体——人们都很忙，而你的调查问卷对他们来说是多了一项临时工作。

8. 为答案提供足够的填写空间。

9. 如果是一份新的调查问卷，在分发之前先让同事试着填写。

10. 使用最有效的发放方式，确保快速回复——电子问卷vs纸版问卷。

调查问卷的使用

使用问卷可以有效地收集信息，以便在项目的临时办公室工作会议上进行讨论。调查问卷可以有效地反映现有和将来的人员、空间和车辆的要求。这些数据将以部门或功能为单位汇总列表，因此，业主的组织机构图表在创建问卷时非常有用。在与业主召开临时办公室工作会议之前，要对收到的问卷进行分析。确定其完整性，以及策划者是否需要调整一些答案。

项目的规模决定了所需数据的详细程度。对于小型项目策划，策划者应该制作一份相关人员的名单表。然而，对于动辄数十万m^2的大型项目，对信息的需求则各不相同。在某些情况下，给定已知的建筑类型，针对人员数量预测面积参数并有一个大概的项目策划可能就足够了。对于其他情况，要根据不同部门列出空间要求并满足明确、具体的功能。根据每个项目的规模调整信息需求。

电子问卷

公司内部的局域网可以进行快速有效的问卷调查。电子问卷可以采用电子邮件的形式，将问卷作为附件供受访者阅览、填写和反馈。策划者可以将这些电子回复整理成有意义的数据，处理的方式与纸质问卷没有什么区别。如果受访者人数非常多，并且所要求的信息需要进行量化，那么可以使用网上调查问卷。网上调查问卷建立在一个网页上，受访者可以访问并填写所需信息。网上问卷最好与数据库相连，这样反馈的内容可以自动被收集并在预设的栏目中进行汇总。

在使用电子问卷时要注意：

1. 确保受访者有必要的访问权限、软件以及完成电子问卷的技巧。

2. 在广泛发放问卷之前，请业主项目团队的成员先试填写。

3. 有些问题除了获得定量信息之外还有可能获得定性的信息和评论，应允许受访者进行选择。

4. 对回答的完整性、准确性进行校验，要注意受访者的理解错误。

5. 为便于整理，网上调查问卷最好采取多项选择的方式，避免受访者产生理解错误。

6. 在辅助栏目中应该对问题的意图进行说明。

7. 对电子问卷的回答和收到的数据要有条理地处理，要能够回溯。

8. 经常记得备份数据。

问卷类型

以下是两种类型的调查问卷：访谈问卷，通过访谈获得回复；数据采集问卷，通过采集大量受访者的详细信息获得数据。

受访者是高级官员或高级管理人员时，策划者使用访谈调查问卷以便获取策划方向和战略信息。受访者是使用者群体时，使用数据采集调查问卷以获取部门的详细信息。

访谈问卷示例

医疗保险公司

访谈问题——副总裁和各分公司

为了了解校园总体规划的方向和需求，我们需要您的支持。

HOK公司被委托协助贵公司项目的总体规划设计，目的是为了有效地促进公司企业使命和运营的发展。

作为此项工作的关键步骤，我们拟于2011年1月13日那一周开展访谈工作，讨论目标、设想和此项目的相关事项。下面列出了访谈中将要讨论的一系列问题。

主题	问题
使命	您所在业务部门的使命是什么？您的团队在公司主要扮演什么样的角色，和谁一起？
目标	您所在业务部门的短期目标和长期目标分别是什么？这意味着方向上的改变吗？如果是，有何种改变？
组织	您团队的组织结构是怎样的？目前您团队的员工在哪里工作？（请给出团队的组织架构图）
功能关系	公司内部、您所在部门和其他功能性部门的工作关系是怎样的？与公司外部（业主、供应商等）的关系呢？
人事设想	请按照以下框架阐述您团队的人事设想： · 历史趋势（最近三年） · 目前状态（2002年） · 未来预测（2003年，2007年） 除员工之外，我们还需要您现场的承包商和供应商对于人员编制的设想。什么是导致人员编制发生重大变化的关键因素呢？
未来工作技术的影响	哪些未来科技将影响您的工作流程？这些是如何影响工作场所的？
现有设施	在您看来，现阶段设施中哪些是发挥作用的，哪些是没用的？
员工满意度	要想营造一个积极的、支持性的工作环境，工作场所应具有哪些关键特征？

数据采集问卷示例

组织编号：　　　　0　　　　　　　　　　　　　　　　　　　　　　办公空间策划调查问卷

策划调查问卷

目的

业主雇佣HOK公司研究行政办公楼的需求策划。

我们使用此份问卷以了解行政办公楼目前和未来的空间需求。请对您所在部门的每一个组提出人事设想和面积需求。HOK公司将分析您提供的信息，并准备一份报告供您检查和审批。报告的信息将来还可用于或补充您与团队的讨论。感谢您的参与！

说明

1. 只针对您所在的部门小组填写答案。请确认人事设想和面积需求，并提供现状条件，预测未来需求。如果您所在的组织较大或下属有很多部门，请针对每一个下属团队分别填写问卷。请在组织结构下将其标注出来。
2. 如果可能的话，请附上地图、图纸、组织结构图或其他辅助文件，可以用PDF形式或把它们直接带到访谈现场。
3. **请将策划调查问卷填写完整，并将Excel表格按日期顺序，以邮件附件的形式发送回Eberhard Laepple，地址是eberhard.laepple@hok.com。**
4. 如果您有任何问题，请随时致电Eberhard Laepple，（713）407-7842或Steve Parshall，（713）-407-7760。

组织

1. **组织名称和代表**

请提供您所在组织的名称和填写此份问卷的人员的联系方式。

组织名称：	
组织编号：	

领导姓名：	
填写此表的人员姓名：	
电话：	
邮件：	

2. **组织主要的功能和组织结构**

请简要描述该组织的使命和日常活动。请附上您所在团队的组织结构图。

Pnint Date: 1/18/2011

组织编号： 0 办公空间策划调查问卷

个人信息

3. 工作区的员工

只提供您所在组织的信息，不包括访客办公室。

部门		目前办公地点		使用相同场地的其他团队	目前员工	员工编制预测			备注
	编号	建筑	楼层		YE 2006	YE 2007	YE 2008	YE 2009	

4. 工作区的其他员工

其他使用者，例如承包商、访客、审计员、现场调查员等。

部门		目前办公地点		使用相同场地的其他团队	目前员工	员工编制预测			备注
	编号	建筑	楼层		YE 2006	YE 2007	YE 2008	YE 2009	
工作区的总员工数（3+4）					0	0	0	0	

5. 未指派到工作区的员工

主要工作场所在非办公区域的员工，如邮件收发室、文档室、电脑控制室以及实验室。

部门		目前办公地点		使用相同场地的其他团队	目前员工	员工编制预测			备注
	编号	建筑	楼层		YE 2006	YE 2007	YE 2008	YE 2009	

Pnint Date: 1/18/2011

组织编号：　　0　　　　办公空间策划调查问卷

工作空间分配

6. 指派到工作空间的员工

针对上表中列出的办公空间使用者总人数，列出工作空间所分配的员工数。

	办公空间类型	目前	预测			备注
	私人办公室	YE 2006	YE 2007	YE 2008	YE 2009	
	8 × 12开放空间					
	8 × 8开放空间					
	8 × 6开放空间					
	旅馆化办公室					
	其他					
指派到工作空间的总员工数	合计	0	0	0	0	

访客和会议空间需求

7. 访客

除了警卫员，您所在部门有来自建筑外的访客吗？如果有，平均每天接待多少位？

访客类型	日均访客量		平均停留小时数
	目前（YE 2006）	未来（YE 2009）	
业主&公众访客			
供应商/咨询顾问			
新员工			
其他（请注明）			

8. 会议和培训需求

为了明确所需的会议室和培训室的数量和类型，请说明您部门平时使用会议室和培训室的频率和时长。请不要将其他部门安排的会议、培训，或是私人办公空间进行的2~3人会议算入其中。

	会议空间		培训空间		备注
房间容量	平均会议数量/天	平均每次会议持续时间/小时	平均会议数量/天	平均每次会议持续时间/小时	
小（4人）					
中（6~10人）					
大（12~16人）					
加大（18~34人）					
加加大（36~70人）					
加加加大（72人以上）					

描述会议或向业主汇报的特殊要求（只包括现场进行的会议）。请提供座位配置、试听要求、座位容量、使用频率和时长。

Pnint Date: 1/18/2011

组织编号：　　　　　0　　　　　　　　　　　　　　　　　　　　　　　　　　办公空间策划调查问卷

部门内部辅助空间

9A. 储存室

请填写您对储存室中非文件归档类家具的要求。（请在9B中填写有关文件归档的要求）

储存类型	目前位置		封闭区域或开放区域（闭/开）	面积（平方英尺）		共享的（是/否）	安保等级（见脚注）	备注/内容
	建筑	楼层		目前	未来			

9B. 填写您归档文件索取的存储单元数量

图片			大小（长×宽×高）	数量		共享的（是/否）	安保等级（见脚注）	备注/内容（请注意填写内容未在上表中出现）
				目前	未来			
	竖向文件柜（信件）	2层抽屉						
		3层抽屉						
		4层抽屉						
		5层抽屉						
	竖向文件柜（法律文件）	2层抽屉						
		3层抽屉						
		4层抽屉						
		5层抽屉						
	横向文件柜	2层抽屉						
		3层抽屉						
		4层抽屉						
		5层抽屉						
	存储橱柜	3英寸高						
		6英寸高						
	书架	2层抽屉						
		3层抽屉						
		4层抽屉						
		5层抽屉						
	保险柜							
	其他							

安保等级：
- 自由取用　　工作时间段没有限制或控制
- 被动控制　　工作时间段入口有前台
- 安保　　进入需要磁卡钥匙、密码或组合锁
- 其他　　请注明

Pnint Date: 1/18/2011

部门支持空间

10. **团队用房、合作区和特殊工作区**

请指明特殊区域，比如合作区和团队区。

区域类型	目前位置		封闭区域或开放区域（闭/开）	面积（平方英尺）		共享的（是/否）	安保等级（见脚注）	备注/内容
	建筑	楼层		目前	未来			

11. **实验室或特殊设备用房**

请明确设备的区域或空间（不要包括常用区域，如复印、咖啡吧或公共会议室）。

区域类型	目前位置		封闭区域或开放区域（闭/开）	面积（平方英尺）		共享的（是/否）	安保等级（见脚注）	备注/内容
	建筑	楼层		目前	未来			

安保等级：

自由取用	工作时间段没有限制或控制
被动控制	工作时间段入口有前台
安保	进入需要磁卡钥匙、密码或组合锁
其他	请注明

Pnint Date: 1/18/2011

组织编号：　　0　　　　办公空间策划调查问卷

可达性和功能关系

12. 部门内部可达性要求

除了建筑外围的安保措施，请说明您所在部门区域需要的安保等级。请确认特殊房间是否有要求，并列出房间名称。

您所在部门是否需要？	是/否（Y/N）	如果是，请特别说明理由
是否便于建筑外来访客到达？		
是否需要考虑其他员工的可达性？		
是否需要远离交通拥堵地段？		
是否要第三等级的安保措施？		

13. 部门之间邻近关系

考虑部门间更好的工作效率，请在下表中填写您所在部门和其他部门或辅助功能之间的功能关系。对每一个部门，用X表示所需的邻近程度。

列出您需要邻近的部门	部门编号	紧密（同层）	容易到达（相隔一层）	附近（同一栋楼）	备注（如果只需部门内部邻近，请注明是哪个次级部门）

是否有您不希望相邻的部门或设施？

Pnint Date: 1/18/2011

组织编号： 0 办公空间策划调查问卷

特殊要求

14. 如果有对您部门特殊的空间，以及需要特殊建筑系统或设施的情况，请在其下方栏中进行备注。

消防需求？请说明区域名称和消防类型。

N/A

机械排风或设备通风要求（24小时空调、加湿、过滤颗粒物等？）

N/A

是否因特殊超重存储物或设备而需要地板加固？

N/A

活动地板或可升高地板。请注明安装需求、高度或气流原则。

N/A

给水排水或雨水系统要求？

N/A

可达卸货区域？

N/A

大于3英寸宽、8英寸高的特殊门？

N/A

通往电梯箱或走廊的走道尺寸？

N/A

电力负荷或备用电需求？

N/A

顶棚高度需求？

N/A

照明需求（照明控制、类型或等级？）

N/A

灾难恢复空间需求？什么类型？

N/A

Pnint Date: 1/18/2011

访谈和工作会议
Interviews and Work Sessions

项目策划流程通过访谈和工作会议在最终使用者和业主决策者之间搭建了双向沟通的渠道。访谈和工作会议之间有着明显的区别，访谈是为了收集数据，而工作会议的目的是对信息进行汇总并做出决策。收集的数据是分析、计算、讨论和决策的基础；弄清楚其影响后，它才能变成有用的信息。在协助使用者和决策者之间的双向沟通中，策划团队扮演了三种角色，包括推动者、文件整理者和建筑类专业技术人员。

作为推动者，策划者代表客观的立场，引导谈话的方向，并鼓励最终使用者和决策者之间坦率地交换想法和数据。策划者的文件整理者角色对于策划过程中成功的沟通至关重要。访谈中需要整理成文件的回复应包括：（1）受访者的姓名；（2）访谈时间；（3）根据信息索引对数据进行分类。

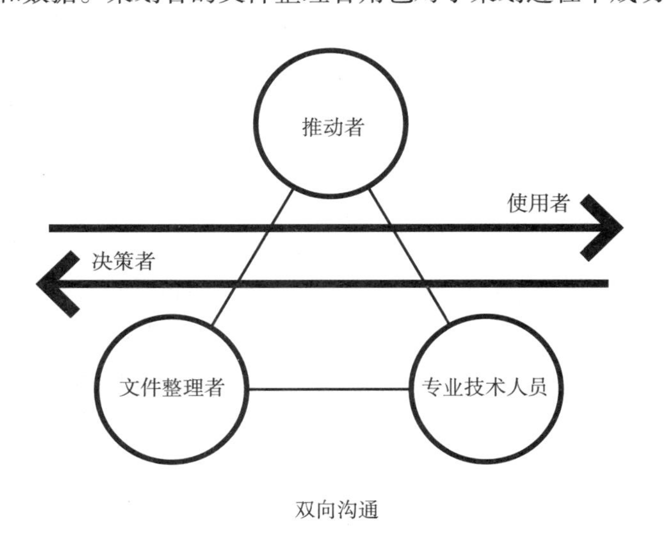

策划者们的沟通角色

经验丰富的促进者应该：

1. 将讨论集中在项目的目标上。
2. 询问与项目密切相关的问题。
3. 定期总结或概况。
4. 不断地回到主要概念上，直到它们变得明晰。
5. 请记住，业主不需要告诉你他们所知道的全部——只会告诉你需要知道的内容。

逐字逐句的记录没有必要也不可取。但是，原始数据必须是准确完整的，并且需要经过处理才能产生有意义的信息。应整理数据以供团队不断引用。信息缺失可能导致错误的结论。在整理数据时，策划者应该知道哪些部分最好直接引用原始文档数据，以便澄清观点、态度、目标和概念。通常，策划者在记录时必须提取各方反馈的精髓，以避免数据拥堵。进一步说，在对相关答复进行精简之后，人们可能会发现，图表或其他形式的图形表达能够更加生动地传达信息。最后，作为建筑类型的专业技术人员，策划团队应该能够提供专业的技术和知识，对使用者需求和项目策划的影响做出分析。这个角色可以由内部专家或顾问（如食品服务或安防）担任。

图片由美国HOK公司提供

确定决策者

可以认为那些对最终产品负有责任的人具有决策权。根据这个前提，业主或所有者通常被认定为主要决策者；但是，业主或使用者和政府机构也会影响决策。业主或所有者可能是由管理层、高级行政人员组成的公司或理事会，或指定的建筑委员会。在许多情况下，组织结构图中的负责人并不是真正的决策者。不仅如此，确定谁是最终决策者经常成为一种猜谜游戏。然而，在每一次访谈和工作会议之前搞清楚具体情况下的决策结构是非常重要的。在这些复杂的决策群体中，冲突是难免的。当发现问题时，咨询顾问应事先进行私下处理，避免在决策者出面的公开听证会上讨论。业主或使用者可能包括管理中层的管理者或中层行政人员，以及现实或未来的使用者。最近，利益相关的市民团体也加入业主或使用者群体中来。虽然这类群体不是最终的决策者，但他们可以推动、影响决策的发生并提出决策建议。不要指望无法获得数据信息的人可以做出正确的决策。

第三类群体是控制功能需求、公共财政和公共安全的政府管理机构。在一些特别的问题上这些机构才是决策者，因此应该尽早明确。

访谈准备

项目策划者不应该在两手空空时进行访谈。明确有争议的、需要协调的问题。准备图表演示材料对分配空间做出公平的划分并进行合理决策。准备关键词列表引导询问和讨论。访谈准备的一个重要方面是明确需要通过访谈收集哪些信息。信息索引表不仅是关键词清单，而且是对回答进行分类的依据。业主不需要知道信息索引表，访谈也不应过于格式化。完全照搬事先准备的材料反而会阻碍被访者的回答。安排会见时，最好让受访者事先了解访谈的内容。这样他们就有时间准备并收集他们希望讨论的相关信息。一系列的访谈最好由业主或经理安排，这样他们不仅能够为不同的人安排最合适的会见时间，还能够安排其他人暂时代理他们的工作。项目策划临时办公室将业主团队、策划团队，以及专业咨询顾问召集在一起，以便所有人都了解有关空间和资金分配的决策，并在平衡预算额度内对建筑质量达成一致。

思维方式

要实现有效的集体行动，理解人们如何思考是非常重要的。规划一个大型复杂的建筑项目需要许多人的不同想法。我们开始重视整个规划团队中冒出的想法的多样性，这样的团队可能会有多个业主和多个建筑师组成，即业主群和建筑师群。

根据定义，这些群体中的每一个都有不同的特征，包含不同的需求，价值观和目标——归根结底，是不同的思维方式。这是不可避免的。无论是业主群体和建筑师群体之间的差异，还是群体中各个成员之间的差异，认识到这些差异与协调它们同样重要。建筑师群体中的差异是最显著的，它们通常在建筑策划，即设计过程的第一阶段中出现。问题搜寻法将分析和综合视为两种不同的过程，需要两种不同的思维方式。

为了明确组织对拟建项目的相关需求，高级管理层通常会指派一个团队与建筑策划团队合作，这是建筑师团队的“先遣部队”。指派团队可能包括组织结构图中从顶层到底层的各类人员。如果需要，管理层会聘请外部顾问来为业主团队补充专业知识。可以预见的是，每个参与者都带有一定的偏见和观点，所有这些都是有效和重要的。

项目策划者会通过一系列的会议在这些不同的观点中寻求共识。有两个目标，一是应对想法的多样性，二是协调这么多不同思想的差异。这并不意味着必须要有一个无奈的妥协。我们所知道的是：**只有当团体中的参与者相信“我们合作比单独行动效果更好”时，他们才不会进行无休止的争辩。如果没有这个共识，我们就会陷入困境。**

首先，整个业主群与策划者团队应举行一次启动会议，在此期间，要明确规定好策划会议的格式和目标。接下来是各个组织中小团体召开会议，得出初步结论和策划要求。同时，需要与高级管理层召开工作会议讨论一些事项并做出决策。最后，整个团队召开总结会议，以审查得出的结论对个体需求的影响。这时，各种想法可能产生激烈冲突，沟通可能陷入困境。

团队协作总有风险，并不容易。但是，如果团队参与者在寻求共识时可以理解不同人的思维方式，那么风险会降至最低。对于功能性更强，更重视美观和经济的建筑，业主群和建筑师团队之间的互动会获得好的效果。我们认为这样的结果使风险变得有价值。

下面的内容是12组描述不同思维方式的反义词——在策划过程中，这些思维方式在业主—建筑师团队内普遍存在。

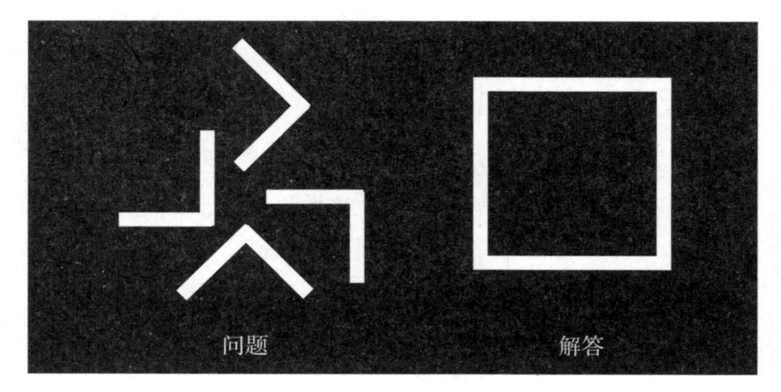

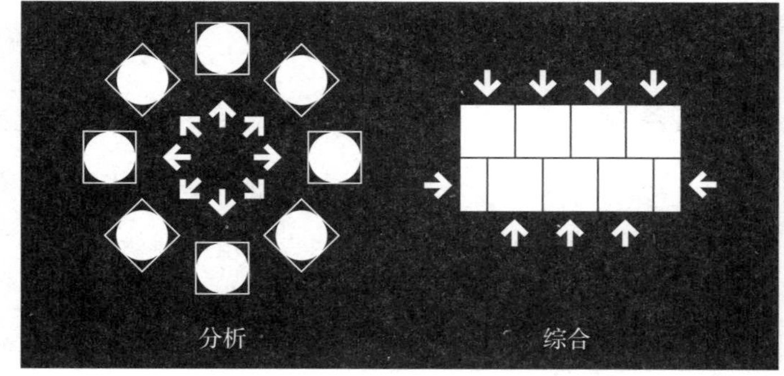

问题 & 解答

有些人是以解决问题为导向的。这种思维在理解清楚问题之前就开始寻求解决方案。有一个例子可以说明这种思维下的设计方法，就是将加州建筑物直接挪到纽约，反之亦然。

这种思维方式导致了国际式建筑风格在全世界的主导地位：同样的风格，钢铁和玻璃构成的建筑，遍布世界各地。这也解释了德克萨斯科德角式建筑流行的原因。在这些情况中，解决方案在问题解决之前就被确定了。

我们认为设法解决问题是一种有效的设计方法，因此，问题定义应该是设计过程的第一步。

建筑设计就像其他大部分事情一样：你只有知道问题是什么，才可能解决问题。

分析 & 综合

分析思维、逻辑思维以及人的语言功能，被认为是基于大脑左侧的分工。大脑右侧则负责综合事物、掌管直觉和空间思维。这就是为什么策划者和设计师主要使用大脑的一侧。

如果我们接受这个概念，我们就可以理解策划者和设计师之间思想的多样性。当我们进行团队协作时，我们可以利用这些不同的思维方式。

分析是策划过程的全部内容。然而，一些以解决方案为导向且依靠直觉的人常常排斥分析，而分析中会把每个部分分开并清楚地阐释。

成功的策划依赖于分析，而成功的设计依赖于综合。创造力则取决于各部分以一种出乎意料的方式进行综合排布。

逻辑 & 直觉

逻辑思考者擅长项目策划。他们一般采取有序的、依据充分的分步过程。

直觉思考者擅长缺少大量信息的情况。他们像扫描仪一样，不喜欢系统化方法。他们常常跳过过程中的某

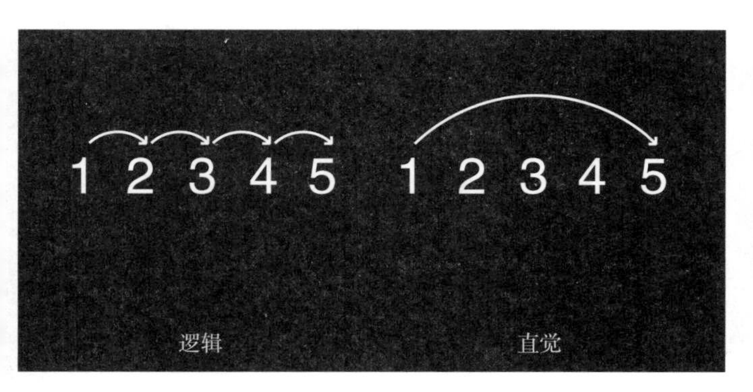

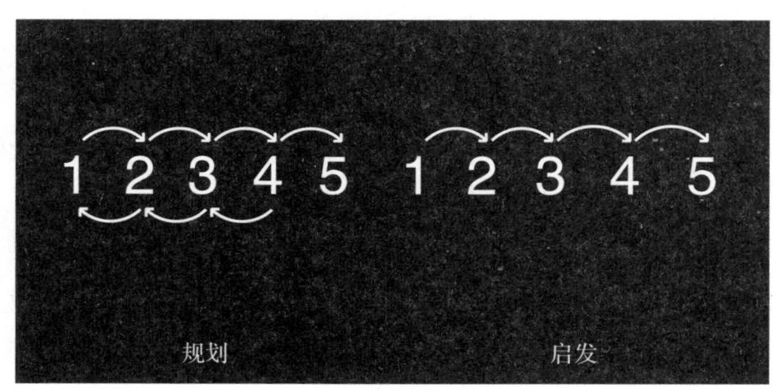

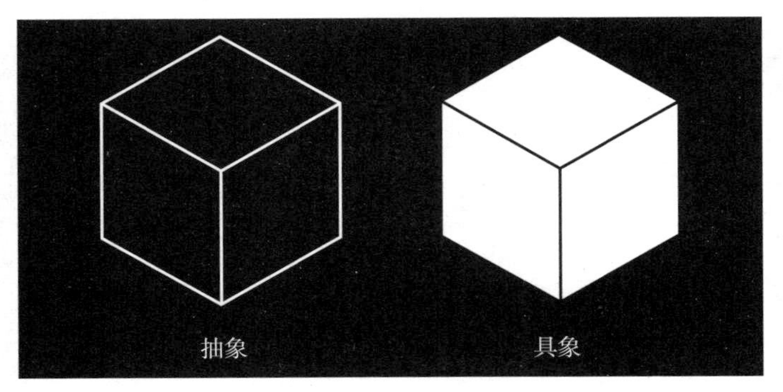

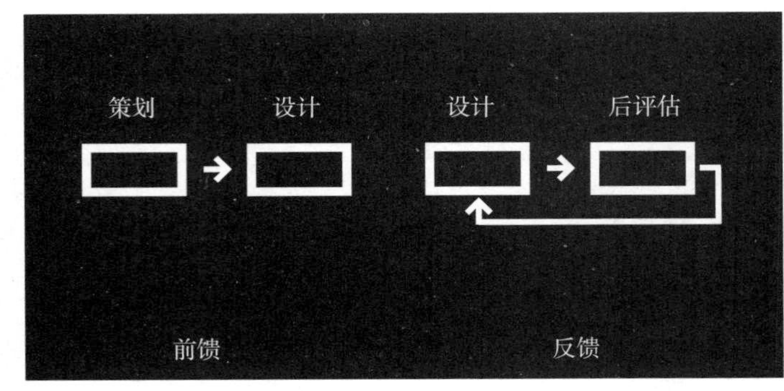

个步骤以获得非凡的洞察力。他们的缺点是没有认识到为他人提供过程记录文档的必要性。这类人不一定是很好的策划者，但往往会成为优秀的设计师。

项目策划需要逻辑思维以便系统性地搜寻信息。设计师则发现直觉在决定哪些信息最有用时很重要。**由于设计过程包含策划和设计，因此规划团队既需要逻辑思考者，也需要直觉思考者**。

规则 & 启发

策划过程中，收集定量信息时，有些人会过于看重准确性。另一方面，定性的信息提供了创造力所需的、具有启发的模糊性。虽然策划的目的是揭示问题，但不能保证精确度。这并不全是坏事。精确性可能会抑制设计中的创造力。

策划是启发式的：步骤不一定严格按照顺序进行，信息很难非常精确或完整。

当涉及的问题至关重要时，例如生命安全问题，应采用算法式的方法。每个步骤都严格按照正确的顺序进行，完成后还要再一次检查信息的精确度。创作设计概念则不需要精确度。设计师不会根据数字进行绘画。

抽象 & 具象

建筑师和工程师在三维空间中思考问题。他们理解一个想法的方式是具象的、有形的。抽象思维则用来处理特定情况下产生的想法，这对于有些人来说是非常困难的，特别是那些学过将设计方案可视化的人。

策划需要抽象思维以使各个部分保持可塑性、胶冻状和松散性，直到设计方案将实体的解决方案综合起来。

抽象思维有助于在所有信息收集和处理完成之前，暂停判断并防止先入为主。这种模糊性为生成设计替代解决方案留有所需的余地。许多设计概念都可以从单个策划概念中获得。

前馈 & 反馈

策划意味着展望未来或前馈。策划是设计过程的前奏，但它并不能确保一个好的设计。使用后评估是可用

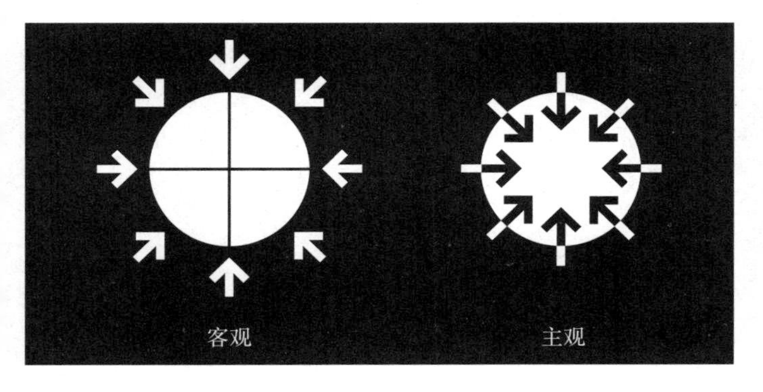

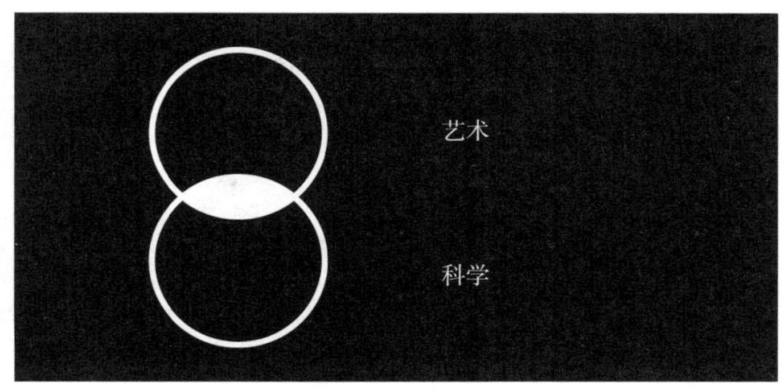

于改进设计或完善日后策划的反馈。毫无疑问，反馈是一种很好的工具，可以对日后新的设计或策划进行微调。

理想情况下，我们既要有前馈，也要有反馈。建筑策划作为信息前馈，构成了设计过程的基础。后评估作为信息反馈，为完善设计提供可能。

建筑师被教导以预测的方式进行思考——预见事物未来呈现的样子。他们必须向前看，偶尔也使用后视镜。拿医学来类比，如果策划是诊断，那么后评估相当于验尸报告！我们应该从两者中学习经验。

客观 & 主观

策划需要客观性。当然，我们知道完全客观是不可能的。另一方面，我们需要正视事实——听取我们可能不愿听到的内容。客观的思考需要实事求是、不曲解事实，但客观性并不意味着对社会状况不敏感。

然而，有些人在进行策划时，会像在做设计时一样主观地思考问题。主观的思维会给策划过程带入个人偏见。

作为策划者，当我们要清晰、理性地陈述问题时，我们的思维方式必须客观。

艺术 & 科学

现今，我们经常听到一种观点，建筑艺术是迎合某些流行美学原则的一种技术产品。我们也听说过，建筑科学是一种经过测试和验证的知识产物。

艺术活动强调直觉、主观的思考。科学活动则强调逻辑、客观的思考。建筑设计同时需要这两种思维方式。

这引起了很多人的困惑。我们可以这样理解这种矛盾——建筑师就好像是在两个世界产生交集的海滩上进行实践：艺术世界和科学世界。建筑师经常向内陆方向走得太远而忘记了如何游泳，或者在海里游得太远而忘记了如何行走。然而，我们热爱这片艺术和科学产生交集的海滩。从本质上讲，建筑设计必须对两个世界开放。

全面 & 单一

设计的考虑因素主要有四个：功能、形式、经济和时间。一个合理的设计过程需要考虑这四个因素，

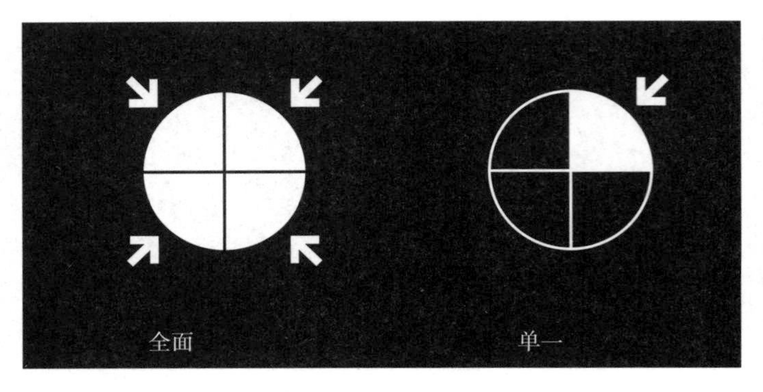

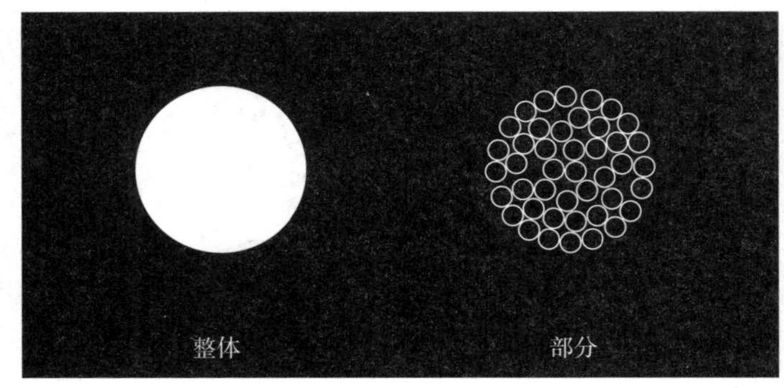

而不仅仅是一个——在某些情况下，还要同时考虑这四项因素。

但有些人在单一方法上表现最好。他们专注于设计的一个方面。一些使用者只关注功能，一些建筑师痴迷于形式，还有一些管理者只强调经济和时间。由于大多数人将思维限制在他们的专业领域内，因此必须组建一个包容性团队，以容纳各种不同观点。

要有一个宽广的心态，以考虑所有相关的考虑因素；但是，团队中的成员可以专注于他专业领域的问题。**无论是策划者还是设计师，只有用心聆听其他专业人员的想法，理解他们是如何思考的，才能成为一个好的团队成员**。

整体 & 部分

有些人倾向于以整体的方式看待设计问题。他们看到的是森林。其他人只看到树木，他们喜欢构成整体的细节。这是一种原子论的方法。

有些人是大人物——概念思想家。有些人是细节控，他们喜欢深化设计或室内设计。这些都是相互对立的思维方式。**策划和设计同时需要两种思维方式**。

团队是新天才。我们想要不同的眼睛——有些眼睛可以看到森林，有些眼睛则可以看到树木。首先看到森林的人会有一定的优势，尽管这不是绝对必要的。

扩张 & 缩减

策划者和设计师都经常将设计问题扩展到直接影响范围之外。他们想探索其他可能性 ——包罗万象，这是一件好事。布朗宁说，“一个人应该尽可能扩张他力所能及的范围，否则天堂的意义何在?”

但是有些人违背引力定律，把这种范围延伸到了宇宙。它成为一个普遍的问题，没有人可以定义，更不用说解决了。有句西班牙谚语说：“贪得无厌可能毫无所得。”

另一些人认为，要关注事情的核心，应该提炼信息的本质；但是，总是存在过度简化的危险。**在搜寻问题（策划）和探寻解决方案（设计）时，两种思维都有其价值。诀窍在于哪种思维何时应处于优先位置**。

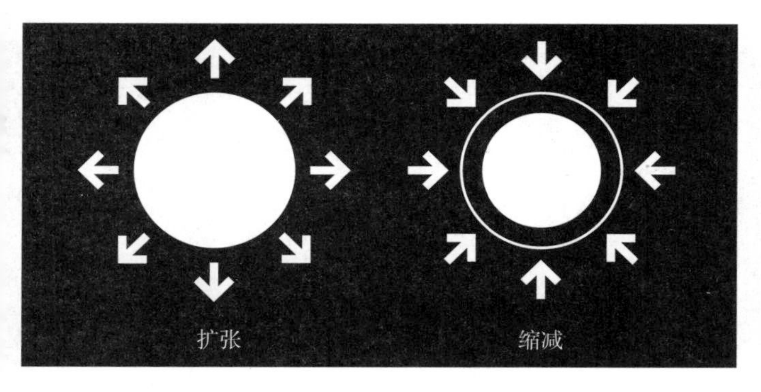

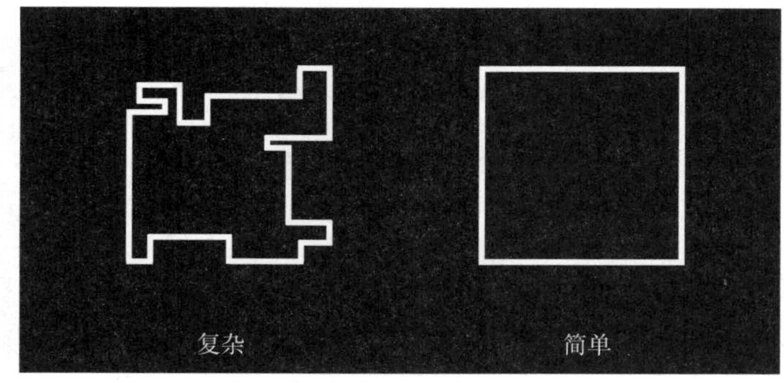

复杂 & 简单

策划的复杂性可能意味着太多曲折的步骤，过早处理太多细节、太多类别、可疑的问题、晦涩的行话、多方领导的业主和不明确的术语。

有些人喜欢紧张、模糊性和复杂性。另外一些人喜欢挑战简化问题——凝练其本质。我们提倡后者。通常，我们从复杂的问题开始，在整个设计过程中致力于简化它。过度简化往往是因为过于关注问题的单个方面，而排除所有导致复杂的因素。当这种情况发生时，策划会变得简单化，还会危及设计质量。

但追求简洁、清楚和易读是可能的。**基本的简单性很难实现，它需要受过训练的分析技能来处理大量错综复杂的信息。**

访谈类型

访谈技巧因参与者的数量和类型而异。因此，一般可以将访谈分成四种类别：

A．个人访谈。

B．所有小团体访谈。

C．中团体访谈。

D．大团队访谈。

A1．个人访谈原则上只有两个人：访谈人和受访者（C）。访谈人询问问题并记录答案。在这个过程中，记录（R）最容易受影响。

可以使用录音机，但这有可能造成受访者出于某些顾虑不愿做出完整的表达。记者是提问和记录问题的专家。即使是这样，大多数人仍然担心他们的话被误引。

A2．一次好的访谈可以由两个人来共同进行：一个提问，另一个记录答案。这可以把访谈人从记录答案中解放出来，使他可以更加自如地进行提问。

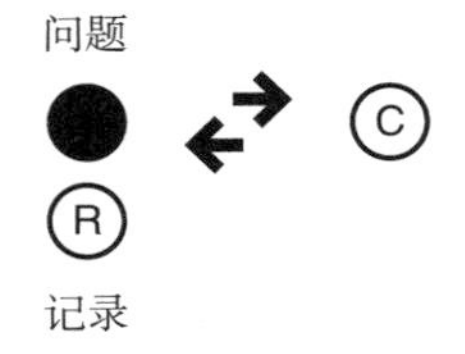

B1．小团体访谈通常包括一位业主单位的部门领导，以及一到两位助理或相关人员。基于访谈的意图和目的，访谈人和部门领导之间的互动与个人访谈的特点基本相同。

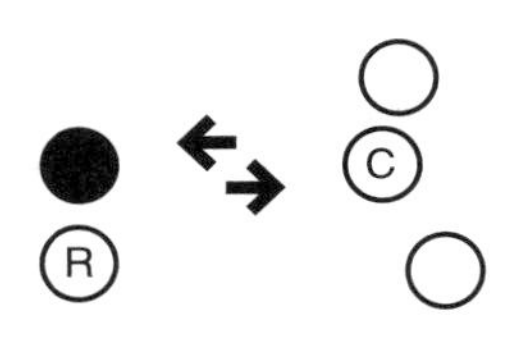

B2．一系列的小团体访谈最好邀请一位业主方面的协调人（CC）参加，他可以监督访谈的进行。

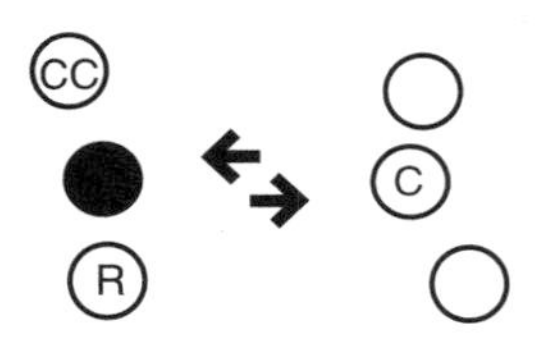

协调人的参与有许多优点，例如他可以检查答案的完整性，对相互矛盾的观点给出宝贵的见解，并协调一些访谈可能产生的后续行动。主要的缺点是这将使受访者有所顾虑。

C1．中团体访谈一般由某个部门或多个部门的人共同参与。同一部门内的6～10人最好指定一位负责人来提供大部分答案。虽然如此，访谈应具有民主程序，为发表不同的观点提供机会。

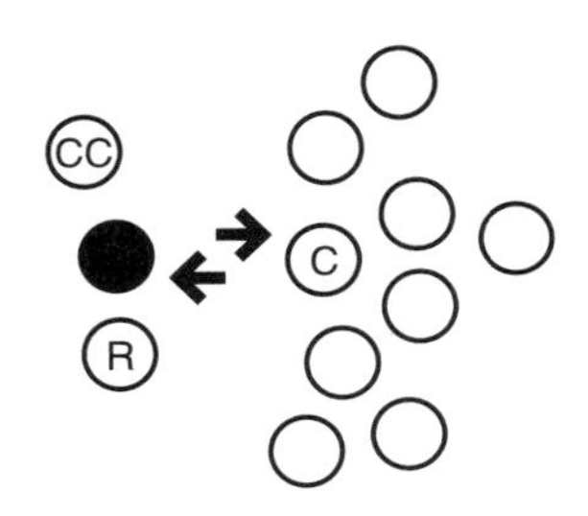

中团体访谈开始之前，需要做一个详细的开场报告来介绍相关问题的背景。报告应该指出需要协调的问题，或者需要进行决策的替代方案。这些可能被用作采集数据的类型和相关性的参考框架。

C2．如果中团体包括不同部门或者下属部门的人，那么每个部门的成员最好由一位负责人带领。多部门访谈更加需要一个清晰的初始陈述或参考框架，以便每个部门可以对同一个问题发表自己的见解。为了使中团体中的每个人都有参与的机会，大家应该轮流使用前排座位。这种轮换保证每个部门都有时间发表意见。

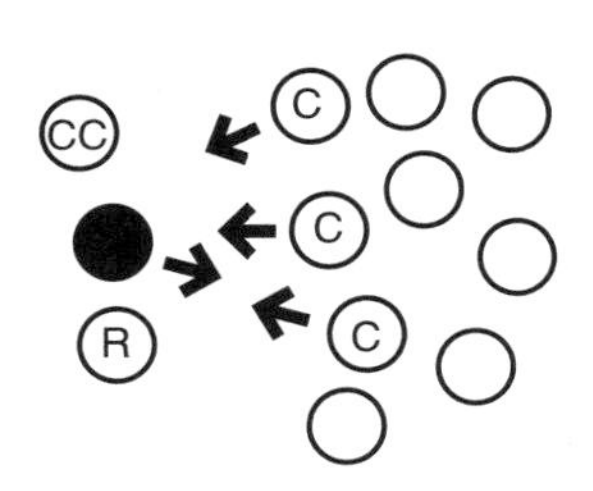

D．大团体访谈一般包括15～20人，可以来自一个部门或包括多个部门的人。由于参与人数较多，可能只有一半的人会积极发表意见，因此需要访谈人积极鼓动大家。

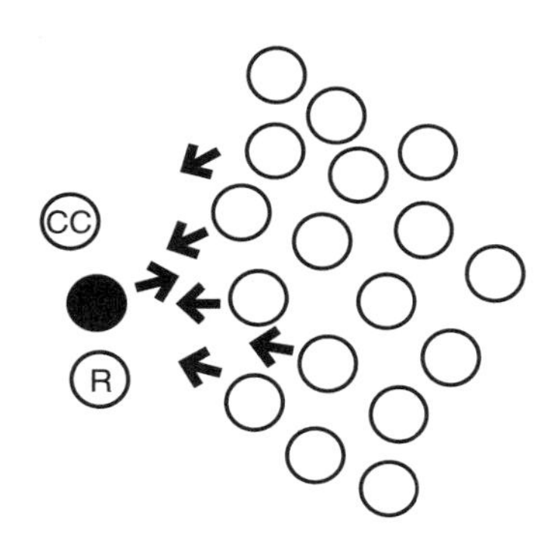

每个部门团体最好由一位负责人带领。这个部门应该事先召开过会议，讨论项目涉及的主要问题。

大团体访谈也需要一个开场报告，告知每个人项目背景和目标数据的类型和框架。

语音/视频会议
Audio- and Videoconferencing

作为常用于访谈和工作会议的面对面会谈的替代方案，复杂的电信技术可以帮助建筑策划者，实现与不同地点项目团队成员之间进行动态的、实时的协作。

策划者可以使用语音技术与业主或项目团队召开会议。这通常在配有扬声器电话的会议室中进行。还可以使用团队之间共享计算机桌面信息的应用程序，例如WebEx来辅助语音会议。WebEx可以使所有参与者在电脑屏幕上看到相同的图像，如果需要的话，还可以使不同地点的参与者控制电脑屏幕。这项技术还具有记录并保存会话的功能，可以回放并查看会议中讨论过的信息。对于无法参加会议的人或策划者，这项功能有助于他们审阅和分析会议中的信息。

视频会议包括音频和视频通信，可以使与会者相互看到对方，捕捉会议非语言方面的信息。视频会议使不同地点的参与者能够组织访谈或工作会议。

例如，HOK公司配备了高级协作室（ACRs），它将高分辨率、可互操作的视频会议技术与虚拟活动挂图系统相结合。集成系统使策划者和整个项目团队能够进行交互式视频会议。

在ACR会议中，参与者可以使用虚拟活动挂图显示计算机桌面的图像、视频、文档和视图，作为项目工作会议、向业主演示或项目协调会议的一部分。在每个高级协作室中，电子活动挂图会使用一系列显示屏，使引导员一次可以展示多个想法。虚拟活动挂图还可以将会议记录和文档进行保存、打印或通过电子邮件发送给其他与会者。

在高级协作室中，通常有3～4个参与者处于摄像机的镜头中，其他参与者可能在房间里，坐在桌子周围或站着使用虚拟活动挂图。会议可以链接到单个或多个位置。

高级协作室在使用之前应确认系统和所有地点的参与者的正常使用状态。其他不在高级协作室的人也可以通过连接到桌面上的虚拟活动挂图并使用语音会议进行参与。高级协作会议对策划者来说是一款强大的工具。这些会议不仅将策划过程的协作和效率提升至全新的水平，而且最大限度地减少了人员的远途奔波。因此，语音或视频会议会带来可持续性的优势，并最大限度地减少此过程的碳排放量。

功能关系分析
Functional Relationship Analysis

策划过程中关于定性分析的一个重要方面即收集和分析业主的组织结构、理念、工作流程和功能关系。这种分析的目的是确定业主内部不同使用者群体的相邻条件。

以下是反映不同类型功能关系要求的相关概念：

流线：人员、材料、产品或信息从一个位置到另一个位置的移动。

邻近度：不同群体之间所需的最短距离，以确保高

高级协作会议；图片由美国HOK公司提供

效的沟通、互动以及可达性。

虚拟相邻：相邻是为了确保联络的方便。由于通信技术为沟通双方提供虚拟界面，因此虚拟相邻是邻近度的一个例外。

组织结构图

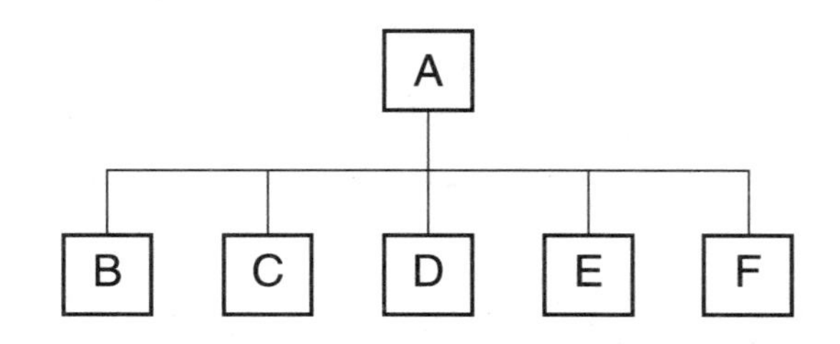

要进行功能关系分析，首先要收集业主正式的组织结构图，并将人群按照不同等级进行分类。

虽然人员和服务的邻近度是影响空间布局的主要因素，但联络网的流线和可达性通常也是建筑设计和组织建设需要考虑的重要问题。

项目策划者可以使用调查问卷来明确不同群体之间所期望的邻近度。相邻关系图记录了每个使用者群体对自身与所有其他群体或功能区域之间功能关系要求的看法。在问卷中，可以将邻近关系限定为几个选项，例如重要、想要和可要。

关联性要求

对每个邻近选项进行说明也很重要，例如：重要——相邻。

接下来，将问卷答案转换为表示互动关系的交互矩阵。在交互矩阵中使用不同大小的圆点或颜色来记录不同群体或特殊功能区域（如邮件收发室、卸货区域或实验室）之间的邻近要求。在访谈期间，对问卷答案进行检查，以验证所有群体的要求。在对特殊区域分配进行验证的过程中，还可以使用矩阵来记录现有的关系并对替代方案进行评分。

	重要	想要	可要	无
A				
B	×			
C				×
D		×		
E				×
F			×	

重要——相邻 ● ≡

想要——同一楼层 ● =

可要——同一栋建筑 • —

关联性矩阵

检查完所有关系后，可以创建一个气泡图。气泡图是简化了的组织功能关系图，它可以记录两个层次的功能关系：

1. **微观关系：**对个人使用者群体及其特殊关系的

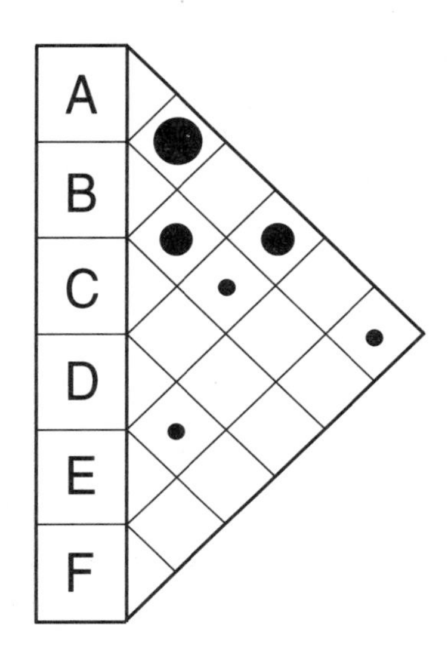

表述。根据问卷信息用圆圈来表示不同群体，用粗细不同的线表示邻近关系的优先级——重要，想要和可要。还可以用气泡图表示流线和可达性。

2．**宏观关系：**对所有使用者群体或功能区域之间的互动和联络条件进行汇总的示意图。

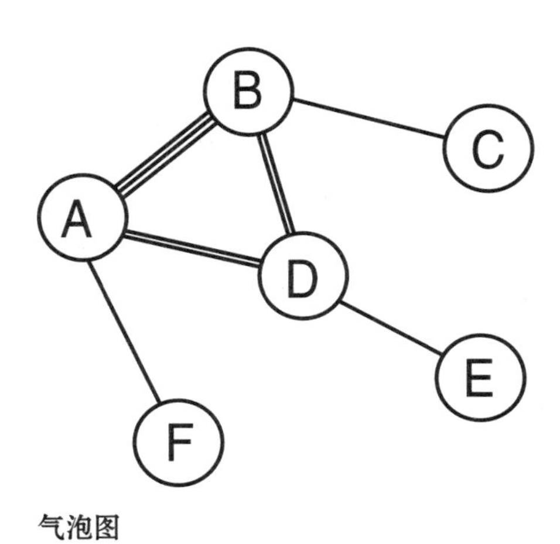

气泡图

游戏和模拟 Gaming and Simulation

当团队组成和项目类型的条件表明需要在决策中达成共识时，可以使用游戏技巧。在实际操作中，游戏的目的是对建筑空间和场地设施布局的各种方案进行深化和评估。除了检验策划概念是否合理之外，游戏对于发现功能和空间之间相互关系也很有用。它由一个或多个团队进行，这些团队由来自业主内部和项目团队的人员组成，他们的工作遵照经批准的准则或目标。这些准则实际上设定了游戏的规则以及所有参与者对目标的合理理解，这些对最终的成功至关重要。游戏技术可以帮助这个团队模拟他们将来如何使用场地或建筑。该技术经常用于三个层面的规划和设计：场地规划或总体规划（大型规模），总体分区（建筑规模）和部门级别（次级建筑规模）。

场地/总体规划：这些项目通常要考虑复杂的组织结构和要求大型区域或丰富地形的各种活动、多种类型的建筑以及车辆，人员和物料的流线网络。在这种大规模游戏中，团队会使用按比例缩小的、不同彩色的长方形纸片，以模拟规划概念，包括邻近关系、流线、开放空间、增长或变化、形象和安全性等。如果要建模，则通常是三维形式，主要关注邻近地面的几层活动空间和建筑空间。

总体分区/分块：这项术语是指研究位于建筑或场地内主要组成元素之间的功能关系和实体关系。在这里，游戏是在三维中进行的，而等比例缩小的、不同颜色的纸片用来表示各个组成元素。纸圈、箭头和条带用于表示其他重要的需求，例如便利设施和可达点。

部门布局：根据项目总体规划的信息，该级别的游戏任务是研究部门内部或组成部分内的空间安排。游戏是在一块板上进行，使用和房间面积大小成比例的方形纸片。移动这些纸片来进行布局，使其满足部门工作需求，并符合形象、状态、隐私和安全等概念。这项游戏进一步的工作包括将批准的准则和策划方案分发给业主部门内部的人员，他们将参与组织这项游戏的会议，使用上述材料搭建游戏模型，并准备一个或多个"初始"方案，供团队在会议一开始进行讨论。应好好设计游戏模型，使人可以轻松地摆放纸片，也可以重新排列以形成新的方案。

还可以使用技术快速处理数据库和图表中的信息，对检验游戏会议中出现的相对复杂概念是否有效，也很有帮助。

在游戏会议开始时，应该先审查策划和先前规划中重要的方面，以便为团队提供最新的信息，告诉他们工作的关注点。此外，还应该向团队解释游戏模型和使用的材料，以便每个人都理解所使用的符号、纸片比例大小的含义，表示不同功能或组织的颜色意义，以及现有方案和提议方案之间的区别。

说明会议的目标，要简洁明了、切中要点——例如，"我们今天早上的目标是排列出至少一个不错的部门空间布局平面"，并给出基本规则：

- 寻找符合操作、图像、隐私和流线概念的布局。
- 尽量不要陷在对形状或外观的关注中。
- 避免在细节上纠结，例如与设备、硬件和尺寸相关的各种细节。这些会在后面进行深化。
- 解释在会议之前准备的方案。开始讨论如何改进时，要鼓励讲话者重新排布纸片，从而"进入游戏"。随着游戏的进行，记下重要的评论和有潜力的方案，并通过摄影或草图将它们存档。游戏技术的核心与团队活力、专业成熟度和能力密切相关。可以想象，涉及10人或更少的小团体游戏会议在个人参与方面更为成功，这主要是因为座位都在模型旁边的前排。超过10人的团体，会议很可能变成一小部分人的练习游戏，其他人则是被动的观察者，或者会议变成建筑工程团队展示模型并回顾已有方案。如果该团体的成员依赖于他们中间权威的专家，那么游戏的过程和结果可能会令人非常失望。如果对业主团队成员的操作程序提出质疑，他可能会变得非常强硬；建筑师可能会因为失控的美学而烦恼。

游戏技术的主要好处是：

- 只需要学习相关知识，而不需要学会一项技能；一些员工可能不会画平面图，但非常乐意用游戏纸片将他的想法传达给建筑师。
- 游戏纸片是常见的交换想法的工具。每个人都对物理尺度、单位数量及其关系有相同的理解。
- 可以更好地理解规划过程的复杂性，并进行协调。
- 可以获得对项目的更大支持。
- 与传统的审阅解决方案的方式相比，游戏更容易达成关于基本布局的共识。

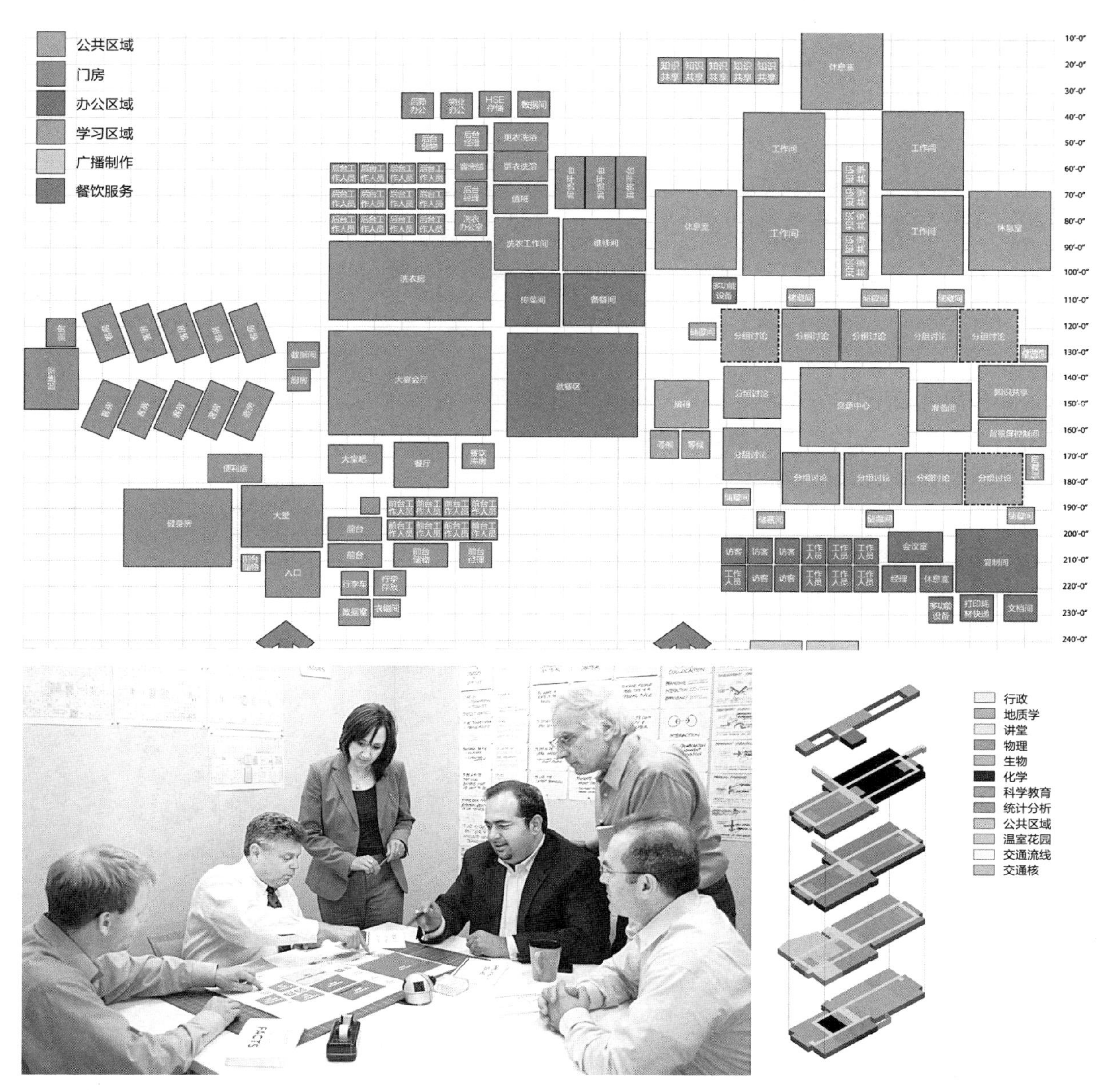

使用游戏技术的游戏面板或堆叠图解
图片由美国HOK公司提供

模拟

更高级的游戏形式是使用计算机应用程序和运算研究理论来计算场地、建筑或房间的最佳面积大小和长宽比。计算机应用程序使用算法来测试实现目标函数所需的多个因素（或变量）。策划者还可以使用可视化技术来展示模拟模型的结果，这种可视化技术可以展现一段时间内设施中的动态活动。

模拟在策划过程中非常有用，可以使用模拟技术明确所需的面积以及能实现理想性能表现的功能容量。项目策划还可以使用模拟模型来检验策划概念，并比较这些概念的效率或效果，以实现期望的结果。HOK公司将这一技术用于机场、交通设施、办公建筑、实验楼和医疗卫生建筑等项目，研究建筑中人员或各种物质的流线。以下示例包括：

- 建筑内人员疏散流线，以确定楼梯的尺寸和逃出建筑物所需时长。
- 乘客在机场到达和出发的流线，以确定这些流线之间是否存在冲突，以及在可接受的等待时间内，疏解乘客人流所需的服务是否充足。

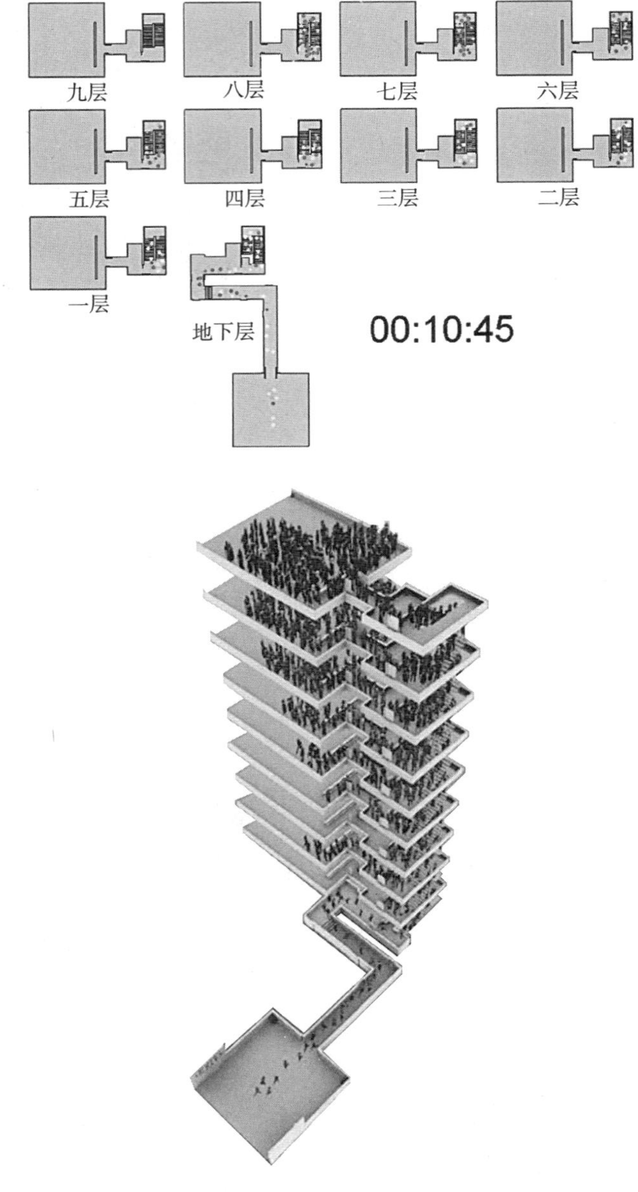

建筑疏散模拟可视化（图片由美国军团公司提供）

空间列表 Space Lists

在策划过程的各种需求分析中，空间列表是设计要实现的首要需求。空间列表依据收集的事实信息建立，是项目目标的汇编和解释，用来展示空间将被如何使用。

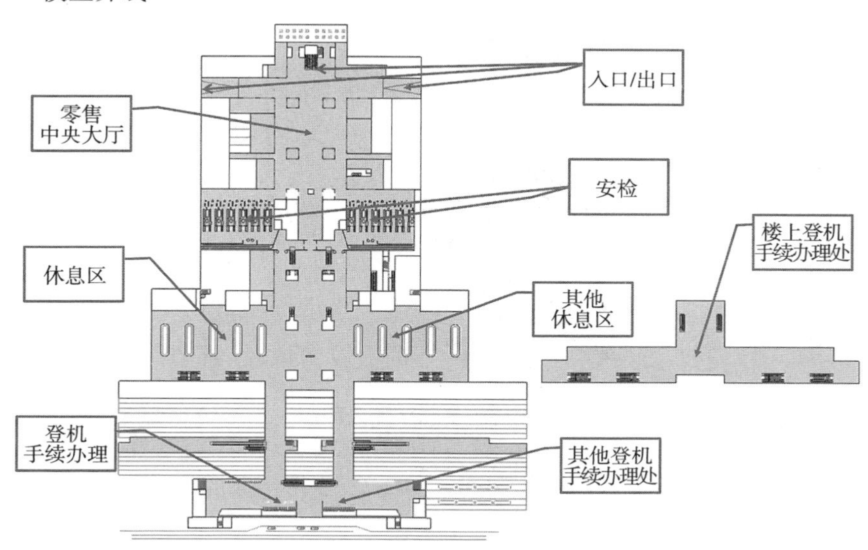

模拟模型中的机场航站楼空间（图片由美国军团公司提供）

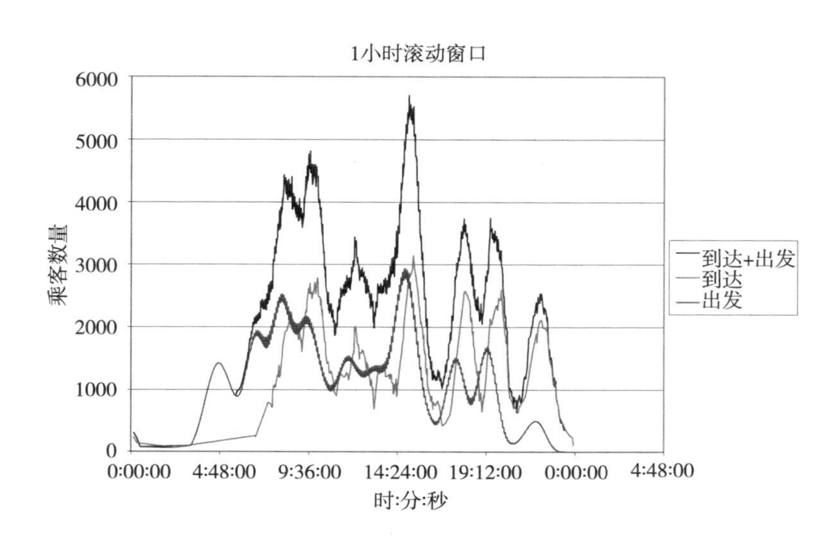

不同时间段乘客到达和出发的数量（图片由美国军团公司提供）

PLA2 分析：平均密度图

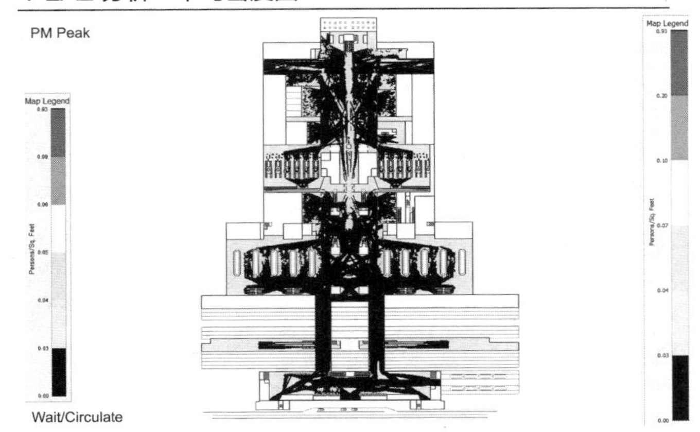

航站楼乘客平均密度可视化图（图片由美国军团公司提供）

PLA2 分析：空间使用

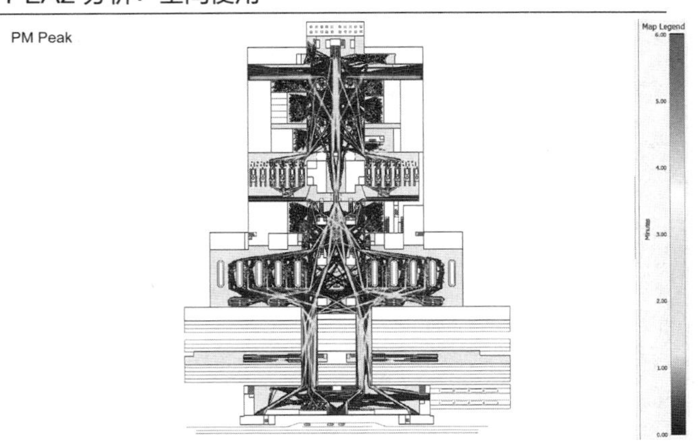

航站楼空间面积富余度分析（图片由美国军团公司提供）

空间列表可以是枚举每个可分配净面积及其特征的综合详细清单，也可以采用摘要的形式。

空间列表通常由负责空间面积分配的部门或组织单位进行排列。这样容易获得每位部门经理对空间需求的批准。空间列表可以明确功能、空间单元的数量、单位空间的面积，以及该功能的净可分配总面积。有时，列表中还包含空间类型的编码，可以使信息按部门汇总，或按空间类型进行排序，然后汇总。

空间列表汇总表

汇总表既可用于缩短面积要求列表，也对要转换为其他类型面积要求的区域进行附加计算。例如，对于部门办公空间，汇总表可以显示每个部门的净可分配面积，并将其与可用效率因子相乘，得到每个部门的可使用面积。这个数字对于部门办公空间的阻塞和堆叠非常有用。该表还可以用来计算总建筑面积，方法是将可使用面积乘总面积效率因子。（请参阅空间列表汇总表中分类方式所用的数据建构大纲。）

常见的汇总表表格有以下四种：

1. **按空间类型汇总**

这种类型的汇总表用多组相对的词语来表示分配给不同功能类型的面积，例如会议室对休息区，它们都与实际工作空间相关。这种类型的汇总表可以用于整个校园或单一楼层的空间列表。它为设计人员提供了所需的各种相对空间的列表，同时让使用者理解新设施的各种功能。当建设成本因空间类型而异时，策划者也可以用此汇总表来进行成本估算分析。

2. **按业主组织结构汇总**

这种类型的汇总表显示的是分配给每个业主群体的总面积，例如部门或其他的业务单位，将人员数量与每个群体的可使用面积相关联。这些通常是使用者最关心的内容，因为它们表示每个部门分得的空间面积和成本。策划者会根据这些报告来调整面积分配，使各个群体之间的功能关系更加合理。

按业主组织结构排序的空间列表

部门	区域名称	房间名称	数量	净平方英尺/单位	净平方英尺
中心服务区	教室区域	小教室	6	900	5400
		中教室	3	1600	4800
		集会室1	1	3000	3000
		集会室2	1	1800	1800
		储藏室	1	600	600
	教室区域总面积				15600
	饮食服务	自助餐厅	1	3000	3000
		厨房	1	1000	1000
		储藏室	1	500	500
	饮食服务总面积				4500
中心服务区总面积					20100
行政区	办公辅助	接待/等候区	1	200	200
		复印/供应区	1	300	300
		打印站	2	50	100
		储藏室	1	200	200
	办公辅助区总面积				800
	会议室	小会议室	6	150	900
		中会议室	4	300	1200
		大会议室	2	450	900
	会议室合计				3000

按空间类型排序的空间列表

房间名称	部门	数量	净平方英尺/单位	净平方英尺
小会议室	行政	6	150	900
	人力资源	2	150	300
	信息技术	1	150	150
	教师	2	150	300
小会议室总面积		11		1650
中会议室	行政	4	300	1200
	信息技术	1	300	300
中会议室总面积		5		1500
大会议室	行政	2	450	900
	人力资源	1	450	450
大会议室总面积		3		1350
储藏室	中心服务	1	600	600
	中心服务	1	500	500
	行政	1	200	200
	人力资源	1	200	200
	信息技术	1	300	300
	教师	1	300	200
储藏室总面积		6		2000

3. **按地点汇总**

在更大或更复杂的项目中，业主群体可能需要不同地点的空间。在这种情况下，策划者可以按地点汇总空间列表。在每一处地点的汇总表中，策划者再可以按组织结构或空间类型组织空间列表。

4. **按时间段汇总**

业主要求随特定时间变化的情况也很常见。例如，项目策划者可能从目前业主组织结构所对应空间列表着手，之后确定业主对未来特定时间段的要求。

净面积空间列表

空间列表明确了各种净面积的数量和大小。后文中的空间列表案例就是按功能（或空间类型）进行组织的列表。它明确了分配给每种空间的人数，空间的容量和容量类型。它量化了所需空间的数量（单位）、空间的大小（每单位面积），以及每个功能所需的总面积（净面积）。该表还按不同功能（或空间名称）分别进行面积小计。

对于业主或使用者，净面积空间列表中所分配的空间数量和类型，是以实现各种功能的性能表现为目标的。策划者可以根据事先确定的标准或原则进行分配，或者可以对每种空间中发生的活动进行详细分析，以确定所需空间的数量和大小。

净面积转换为建筑面积

对于设计团队来说，空间列表显示了建筑内部空间布局的净面积分配。项目策划者还得额外估算建筑未分配区域的面积。将建筑的净分配面积（净面积）和未分配区域面积相加，就可得出建筑总体大小（总面积）。“建筑面积汇总表”汇总了人员、空间容量和净面积的空间列表小计。策划者提供整体建筑效率因子（净值：总计）来估算每种功能的总建筑面积。把这些面积加起来可以估算建筑的总面积。

建筑面积转换为占地面积

另一种有用的汇总表是将总建筑面积乘场地规划因子，得到最大的可建设面积、建筑占地面积、建筑高度、停车场面积、其他场地设施和开放空间面积。策划者使用此表格来确定最大可建筑面积，它必须符合建筑规范、分区要求，以及可持续性原则和目标。

土地使用要求包括总建筑面积和人数统计。策划者用假设的楼层数来计算建筑的占地面积。根据区域场地分析或其他法规，它使用建筑密度（GAC）因子来估算所需的土地面积。

空间列表

功能	人数	容量	单位	单位编号	面积/每单位	净面积	净面积小计
区域中心							
前门							
接待/展示		16	W–	1	1200	1200	
小计							1200
区域领导层餐厅							
座位		25		1	600	600	
服务				1	240	240	
准备	5			1	170	170	
小计	5						1010
董事会会议室							
前厅				1	240	240	
休息室		12		1	240	240	
董事会会议室		25		1	840	840	
影音室				2	360	720	
储藏室				2	240	480	
餐饮				1	240	240	
演员休息室				1	360	360	
电话接听室				2	60	120	
董事会成员套房				2	360	720	
洗手间				2	60	120	
衣帽间				2	60	120	
小计		25					4200
高层办公室							
执行官套房							
办公室	2	2		2	600	1200	
洗手间				2	60	120	
衣帽间				2	60	120	
会议室（20人）		40		2	600	1200	
行政助理	2	2		2	240	480	
等候室		4		2	60	120	
小计	4	4					3240
管理委员会							
办公室	15	15		15	480	7200	
洗手间				15	60	900	
衣帽间				15	60	900	
行政助理	15	15		15	240	3600	
小计	30	30					12600
区域员工							
总经理	8	8		8	240	1920	
行政助理	8	8		8	70	560	
小计	16	16					2480

建筑面积汇总表

建筑面积	一期					
空间名称	人数	容量	单位	面积/每单位	净面积	净面积小计
区域中心						
前门				1200	0.50	2400
区域领导层餐厅	5	25		1010	0.50	2020
董事会会议室		25		4200	0.50	8400
执行官套房	4	4		3240	0.50	6480
管理委员会	30	30		12600	0.50	25200
区域员工	16	16		2480	0.50	4960
普通办公区	1	92		3780	0.50	7560
便利设施服务				480	0.50	960
小计	56	50				57980
	92					
总务处						
办公区	1000	1000		84600	0.55	153818
普通办公区		672		35540	0.55	64618
餐饮服务/小卖部		24		504	0.55	916
便利设施服务				4640	0.55	8436
小计	1000	1000				227789
	672					
R&D中心						
行政办公室	30	30		4260	0.50	8520
普通行政办公室		28		1680	0.50	3360
策划办公室	605	605		64033	0.50	128066
普通策划办公室		514		21490	0.50	42980
电子实验室		19		2311	0.50	4622
材料实验室		60		7260	0.50	14520
湿实验室		650		78650	0.50	157300
特殊实验室		106		12826	0.50	25652
实验室支援		155		18755	0.50	37510
灵活的高开间		200		24200	0.50	48400
协作研究策划	20	20		4850	0.50	9700
R&D前门	1	24		2960	0.50	5920
自助餐厅	2	48		1523	0.55	2769
饮食服务/小卖部	1	12		252	0.55	458
便利设施服务				5440	0.50	10880
扩建预留						—
小计	659	655				500657

土地使用需求

土地使用面积	一期					
		净建筑面积	楼层	建筑占地面积	GAC	土地面积
区域中心	**人数**					
建筑	56	57980	3	19327	25%	77307
市政厅	11	26038	1	26038	25%	104154
场地设施						
停车		停车计数				
领导	50	19000	1	19000	70%	27143
高级访客	35	13300	1	13300	70%	19000
服务	8	3040	1	3040	70%	4343
	67	119358		80705		231946
总务处	**人数**					
建设1期	1000	227789	3	75930	35%	216942
建设3期				—		—
场地设施				—		—
停车		**停车计数**				
员工	900	342000	3	114000	70%	162857
访客	100	38000	3	12667	70%	18095
服务	6	2280	1	2280	70%	3257
	1000	610069		204876		401152
R&D中心	**人数**					
建设初期	659	500657	3	166886	35%	476816
大礼堂	3	8615	2	4308	35%	12308
合伙人中心	4	6831	2	3415	25%	13662
建筑预计增长						—
建筑最终设置						—
场地设施						—
庭院面积				10000	70%	14286
室外花园座位				960	50%	1920
停车		**停车计数**				
员工	599	227772	3	75924	70%	108463
访客停车	67	25308	3	8436	70%	12051
服务	6	2280	1	2280	70%	3257
	666	771463		272209		642763

深化设计阶段的策划
Program Development

对于定义明确的项目类型，例如办公空间室内设计或者深化设计策划，一旦总体规划或方案设计被批准，那么一种可与BIM集成的关系数据库就能实现高效管理业主大量详细要求，以及制定设计标准。

设施需求系统（FRS）

设施需求系统（FRS）是一个基于网络的关系数据库系统，用于采集，处理和管理设计需求。该应用程序主要用于策划深化。该系统支持多种复杂项目，可实现多局制数据访问，操作以及检索非图形建筑数据。其目的是使项目参与者能获得给定项目最新的策划相关信息。FRS可以满足不同类型使用者的需求，包括策划者、设计师、工程师、规划师、第三方顾问、业主和承包商。该系统成功的关键是数据高效性和准确性，以及不同地点项目团队成员可访问性。数据输入端设置有清晰度层级和访问层级，这使得大型团队能够输入数据，同时确保后台控制数据质量并实现数据无差错输出。此外，该系统与BIM的集成可以提高规划和设计的准确性。标准报告格式是FRS普通用户主要使用的输出形式，它也适用于自定义查询和报告。图中展示了FRS系统在策划深化过程中使用的主要功能：

数据报告：提供标准版和可自定义版两种报告，可根据每个项目团队的偏好进行选择。虽然报告会不断修改，但数据源可保持不变且最新。

空间工具：按照空间类别和子类别组织不同的空间

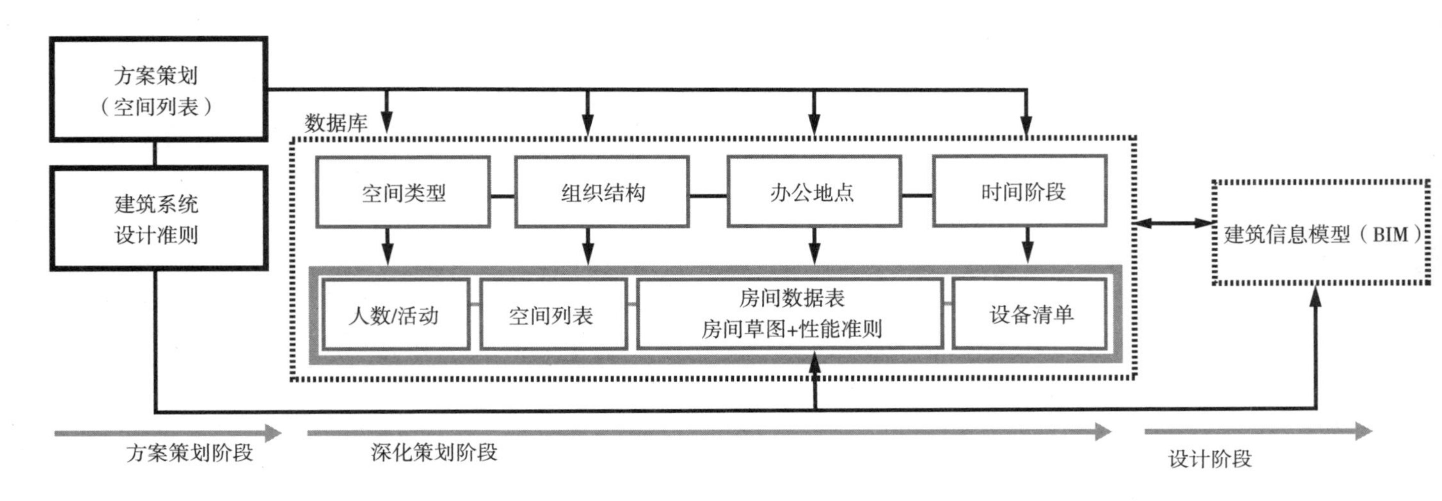

FRS系统策化深化过程

类型，可以从全局到个体各层级调整特征，例如平面布局和建筑效率。空间类型都被列入空间列表中，并划归到不同的地点（城市、校园、建筑、楼层），与组织团体（企业、分公司、部门）联系在一起。

房间数据表（RDS）：定义空间“内部”的工具，主要关注建筑材料、施工要求、家具布局（上传图纸）和相关设备。此功能可以为所有空间类型建立空间标准和设计标准。通过其基于网络的数据结构，内部和第三方咨询顾问可以根据其专业领域为每个指定的房间数据表输入数据，而无需重复工作。RDS和空间类型直接相关，并使设计团队能够了解到设计需要考虑的空间特征。此功能允许业主对空间特征进行审查和确认。

实验室设备：实验室设备库，包括设备规格、安装、施工、空间要求和单位成本。FRS可以根据实验室规划人员或研究人员输入的数据生成每个房间的设备清单。此列表与施工图文档相关联，是实验室设计成果的一部分，并可以生成实验室设备采购清单。

家具、固定装置和设备（FF&E）：提供家具产品库和相关规格。当此产品库与BIM链接时，该功能可以计算家具物品的实际尺寸。这使得应用程序可以根据设计团队选择的家具物品生成准确的规格包，并准确计算物品数量。

空间审计：对于大型复杂建筑来说，空间审计是将设计空间与初始策划或初始空间列表进行比对。当项目进入设计和审批阶段时，方案策划中包含的初始空间列表将被修订。连接到BIM模型上后，空间审计功能可以将设计阶段的空间列表与策划阶段空间列表进行比较。它对逐个房间进行审计，并生成空间差异报告，这些报告可以以各种方式进行分类，例如按部门、楼层或建筑。设计团队能够据此对面积变更做出解释，并促使客户批准设计修订。

空间列表：在后面几页的示例中，策划者使用FRS做好深化设计阶段实验室相关准备。策划者应与主要的调研人员和研究团队会面，以知晓他们对空间、设备和房间布局的要求。这类工作会议的成果如下：

设施需求系统的功能

可通过网页进行访问的数据库系统。项目团队通过网络访问FRS，主页将提供多种功能菜单

							初期		成熟期		
设施	房间编号	座位数	其他容量	类型	策划面积	分配面积	初期单元	初期面积	成熟期单元	成熟期面积	备注
UN2400—实验室南楼											
可分配的											
4											
化学											
分析-SW3-LFO 09	L0933	0	0		50	62	1	62	1	62	
生物器皿清洗-SW3-LFO 09	L0939	0	0		30	37	1	37	1	37	
生物过程-SW3-LFO 09	L0936	0	0		40	42	1	42	1	42	
生物分析-SW3-LFO 09	L0940	0	0		20	17	1	17	1	17	
生物催化-SW3-LFO 09	L0937	0	0		50	50	1	50	1	50	
冷冻实验室-SW3-LFO 09	L0941	0	0		50	53	1	53	1	53	
器皿清洗-SW3-LFO 09	L0938	0	0		50	46	1	46	1	46	
同质（H1）-SW3-LFO 09	L0932	0	0		200	215	1	215	1	215	
同质（H2）-SW3-LFO 09	L0934	0	0		200	180	1	180	1	180	
同质（H3）-SW3-LFO 09	L0942	0	0		30	28	1	28	1	28	
同质（HG1）-SW3-LFO 09	L0935	0	0		75	70	1	70	1	70	
同质（HG2）-SW3-LFO 09	L0944	0	0		75	72	1	72	1	72	
激光-SW3-LFO 09	L0943	0	0		20	18	1	18	1	18	
服务廊-SW3-LFO 09	L0945	0	0		100	100	1	100	1	100	
总面积								**990**		**990**	

从FRS中生成的空间列表报告

- 空间列表
- 房间数据表
- 设备清单

此示例展示了从FRS生成的空间列表报告。这些报告遵循一般标准格式，也可以生成自定义报告。在扩初设计策划阶段，空间列表可能会包含特殊的房间编号或空间标识。数据库信息可以与BIM模型中的房间或空间链接。

空间列表可能包含初始策划面积和BIM模型中按功能分配的面积。这样可以比较初始策划面积与设计面积，并为客户需求发生变化或产生分歧时提供一个设计参照的基础。

房间数据表

在方案策划期间，房间数据表通常包含多种空间类型，例如办公室、会议室或实验室。在深化设计策划期间，房间数据表变得更加具体，并且可能包含BIM中各种特殊的房间或空间。

图中所示的就是一个特殊房间的房间数据表。房间数据表可以是一张二维平面图，也可以是三维空间模型。平面图包含空间功能所需设备或家具的关键条目。房间数据表还可以记录吊顶、墙壁或地板的饰面和材料。

图中是附在平面图之后的各种建筑系统的设计标准表。

Homogenous (HG2) - SW3 - LFO 09

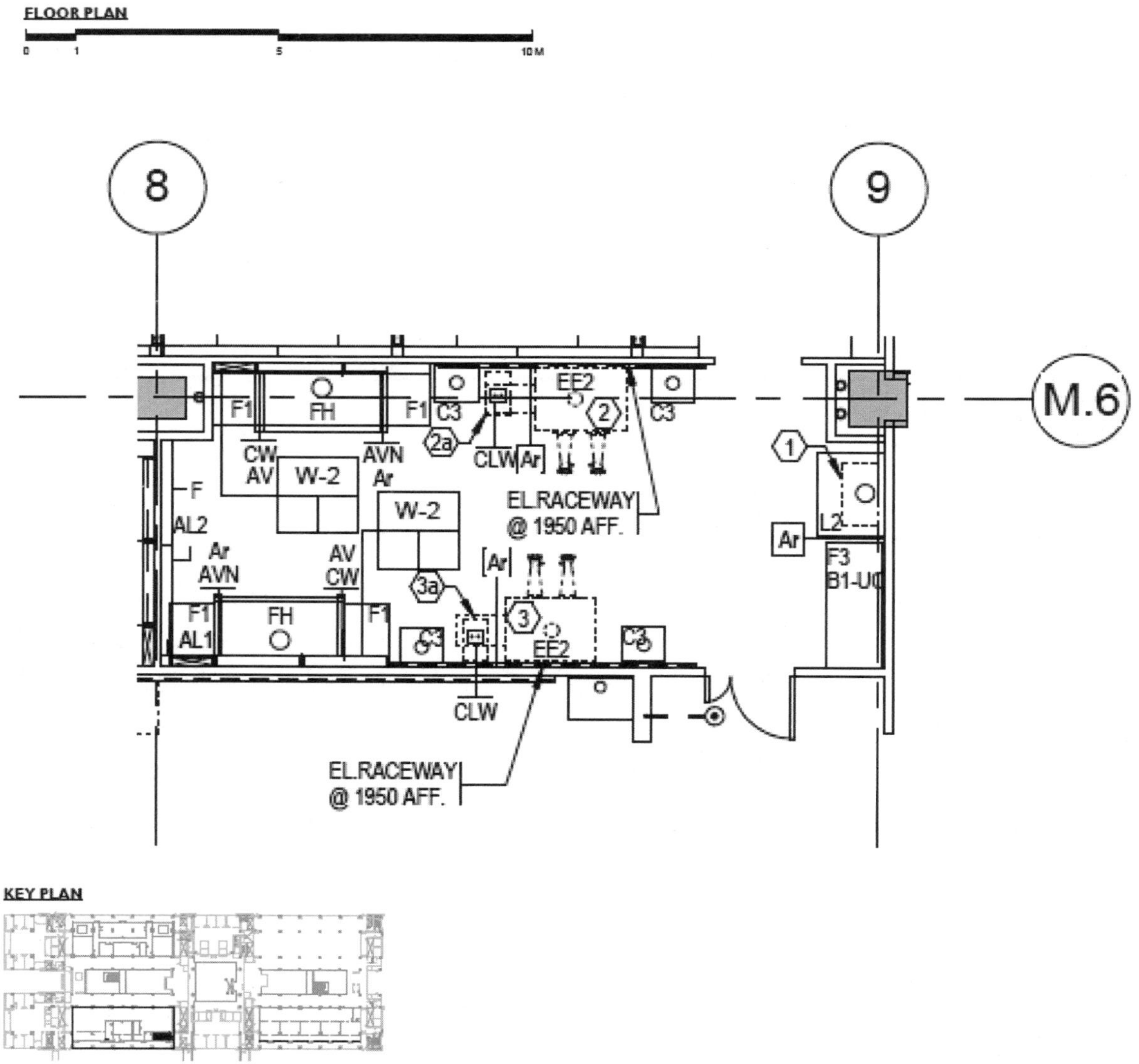

FLOOR PLAN

0 1 5 10 M

8

9

M.6

F1 FH F1 C3 EE2 2 C3

2a CLW Ar

CW AV W-2 AVN Ar

W-2

F AL2

EL.RACEWAY @ 1950 AFF.

1 L2 Ar F3 B1-UC

Ar AVN AV CW Ar

3a 3

F1 AL1 FH F1 C3 EE2 C3

CLW

EL.RACEWAY @ 1950 AFF.

KEY PLAN

从FRS中生成的房间数据表报告

空间类别：实验室
空间子类别：化学
状态：可分配的
总体状态：正在进行

空间类型：匀质（HG2）–SW3–LFO 09
房间号：L0944
负责人：史密斯博士
RDS类型：标准2

分配面积：72.00
策划面积：75.00
容纳类型：实验凳
其他容量：0

☐特别有害
☐需要特殊结构
☐结构/抗震
☐应放在地面层
☐可直达室外
☐产生噪声设备
☐最好抬升地面

房间类型
☐通高
☐实验室辅助
☐实验室
☐实验工厂

建筑方面
地面
☐环氧树脂/特殊涂层
☐集合基底
■橡胶基底
☐密封混凝土
☐乙烯薄膜
■乙烯基地砖

墙面
☐扶手护栏
☐混凝土砌块
■墙身护角
☐瓷漆
☐环氧树脂
■石膏墙板
■模块化墙板
☐隔声墙

吊顶
■隔声砖吊顶
☐瓷漆
☐环氧树脂漆
☐结构暴露
☐纤维增强塑料砖
☐石膏墙板

门
☐自动门
☐嵌入式门
■嵌入式不可见/可见门
☐特殊硬件
☐垂直

实验室工作相关
☐酚醛树脂
■顶级酚醛树脂
■不锈钢
☐顶级不锈钢
■标准金属

机械方面
环境
■30%~55%相对湿度
☐压力：自然
■压力：负压
☐压力：正压
■温度（摄氏度）：21 ~ 23

通风
☐BSC Ⅱ/A2
☐BSC Ⅱ/B2
☐通风罩
■排风设备
☐排风点
☐放射性同位素通风橱
■换气次数/时：10~12
☐换气次数/时：8~10
■换气次数/时：4~6
■Std通风橱
■排风柜
☐WI通风橱
☐24小时空调

空气过滤
☐排风高效空气过滤
☐新风高效空气过滤

电气方面
电压
■220V，30A，1相
☐380V，1相
☐380V，30A，3相
☐其他

特殊电源
☐调节电力
☐专用接地
☐专用供电
☐备用电力
☐不间断电源

照明
☐调光开关
☐防爆
■日光灯
☐白炽灯
■1000照度
☐防潮
☐占位传感器
☐工作照明
☐定时自动开关
☐需要日光
☐不能有日光

管道系统
水管服务
■冷水—可饮用
■冷凝水（高压）
■冷凝水（低压）
☐热水—可饮用
■处理过冷却水
☐逆渗透水/去离子水
■真空

特殊气体
■氩气
☐二氧化碳
☐氦气
☐氢气
☐仪表气源
☐液氦
☐液氮
■氮气
☐氧气

排水系统
☐设备排水
☐楼面排水
☐洗手池
☐洗涤槽
☐排水沟

通信
■数据线插座
☐广播
■电话插座

特殊条件
☐电磁干扰发生器
☐电磁干扰灵敏仪
☐射频发生器
☐射频灵敏仪
☐振动发生器
☐振动灵敏仪

安保措施
☐钥匙卡片
☐视频监控
☐门锁
☐设备报警器

这些设计标准满足整体建筑设计标准；但它们还显示了房间所需的特定功能或特征。项目团队中的多名成员（包括业主）将共同确定房间性能要求。

设备清单：包含与房间数据表相关的所有设备。房间数据表的平面图中会有符号标识出各个设备的位置。设备清单则进一步补充了每个设备的设计标准。此外，该表中可能有制造厂商网站的链接。数据库还可能包含该设备的安装手册。这些信息有助于建筑师和工程师将建筑信息系统与已安装的设备信息集成。

匀质（HG2）-SW3-LFO 09

设备清单	缩写注释	
	位置	
	B：	安装在操作台上的，台式的
	C：	安装在吊顶上的
	F：	放置在地面上的
	U：	安装在操作台下的
	W：	安装在墙上的

IFC EQ编号	条目	制造商	模型名称	L	尺寸			安全距离			
				O	（mm）			（mm）			
				C	长	宽	高	前	左	右	后
01	溶剂净化系统	玻璃轮廓	Solvent Purification System	F	1422	635	1800				
02	手套盒，4号手套，w/2前厅，右手	德国布劳恩公司	MB200MOD (1800/780)	F	2550	800	2000				
02a	循环制冷机，超低温水浴	赛默飞世尔科技	ThermoFlex T1400	F	361	625	694				
02b	真空泵，单漩涡	Edwards真空公司	XDS10	F	244	427	288				
03	手套盒，4号手套，w/2前厅，左手	德国布劳恩公司	MB200MOD (1800/780)	F	2550	800	2000				
03a	循环制冷机，超低温水浴	赛默飞世尔科技	ThermoFlex T1400	F	361	625	694				
03b	真空泵，单漩涡	Edwards真空公司	XDS10	F	244	427	288				

从FRS中生成的设备清单报告

空间类别：实验室 | 空间类型：匀质（HG2）-SW3-LFO 09 | 分配面积：

空间子类别：化学 | 房间号：L0944 | 策划面积：

状态：可分配的 | 负责人：史密斯博士 | 容纳类型：实验凳

总体状态：正在进行 | RDS 类型：标准2 | 其他容量：0

	电气		管道				机械	
	DP：	专用电力	CW：	冷水	A：	压缩空气	CLW：	制程冷却水
	DG：	专用接地	HW：	热水	V：	真空	EXH：	通风
	UPS：	不间断供电	RO：	试剂级水	N：	氮气		
			WST：	排放污水	SG：	特殊气体		
						（氩气、氦气等）		

	电气						管道								机械		备注
				特殊服务													
上	伏特	安培	ϕ	DP	DG	UPS	CW	HW	RO	A	V	N	SG	WST	CLW	EXH	
	220		1											Ar			网站 设备放置在通风罩中。Ix有机溶剂净化系统（己烷，甲苯，四氢呋喃，乙醚，乙腈，装在不锈钢溶剂桶中的二氯甲烷（20升），配件，真空转移装置，泵连接装置。详见附加说明）
	220	10	1											Ar		×	网站
	220	15	1												×		网站 水冷机组
	220	5	1														网站 设备应放在真空通风柜（C3）中；平面图中未标明设备的IFC编号；推荐布劳恩公司的干泵
	220	10	1											Ar		×	网站
	220	15	1												×		网站 水冷机组
	220	5	1														网站 设备应放在真空通风柜（C3）中；平面图中未标明设备的IFC编号；推荐布劳恩公司的干泵

图片由美国HOK公司提供

棕色纸幕墙法和可视化
Brown Sheets and Visualization

棕色纸是以图形方式反映项目的空间需求，这些需求是从项目目标、事实和概念得出的。棕色纸旨在对相关数字和面积的重要性进行形象的表达。通过使用图形并遵照一定的比例，业主和设计师可以更容易将空间的数量和面积进行可视化展示。作为一种图形技术，棕色纸可对项目的面积需求进行比较分析。通过棕色纸可以一眼看出面积主要分配给了哪些地方，大量的小空间会导致更高的交通空间面积占比，或者不合理的功能空间面积。

棕色纸的第一个目的是反映访谈中确定的面积要求，或根据一些预定原则公平分配空间。对于方案设计项目策划来说，棕色纸反映的是净可分配面积；但是，应该告知业主，除非一块面积具有明确的用途并标注在棕色纸上，否则它不会被认为是一项面积要求。这样做的目的是不断检查所有净面积要求。

棕色纸的第二个目的是在工作会议中作为工作表使用。出于这个目的，棕色纸的材料应该是非正式的，不仅易于修改，甚至鼓励修改。向使用者介绍时首先要声明“这些是您提出的面积要求”对相关问题的确认可以这样开始，“这些是否正确？”如果平衡预算的工作会议要求重新分配、更改、增加或减少面积，棕色纸必须在现场进行修改：添加注释、修改数字、增加或减少代表相应面积的纸片。墙面棕色纸必须在任何时候反映的都是最新的项目信息。

时间证明，棕色纸是一项出色的沟通工具。项目所涵盖的范围可以通过棕色纸与不同专业、不同机构的大范围的人进行交流，通常要比空间类型列表更为有效。定期将若干天内棕色纸上的更改和修订进行复制，供团体展示和讨论使用。

计算机应用程序使得包含对应棕色纸的空间列表的电子表格和数据库的更新更加高效且及时。空间列表信息可以按业主组织结构排列也可以按照空间类型进行排序。还可以使用计算机应用程序对列表进行标注，或简单地把计算机程序当作动态计算和加总的工具。

如图所示，传统的棕色纸是用牛皮纸制作，并用白色正方形表示各个面积的大小。虽然这种技术仍在使用，但我们也看到了使用计算机在白色纸上标注黑色正方形的新型图表。无论是何种方式，棕色纸的价值在于它能够迅速反应所有正方形（所有面积）要求的能力。

学习中心

1998年8月

休斯顿，得克萨斯州

中心服务设施 20100平方英尺（1867m^2）

教室区域 15600平方英尺（1449m^2）

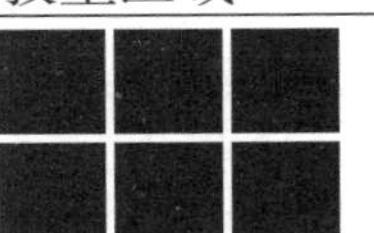
小教室
6×900=5400平方英尺（502m^2）

中教室
3×1600=4800平方英尺（446m^2）

集会厅1
3000平方英尺（279m^2）

集会厅2
1800平方英尺（167m^2）

储藏间
600平方英尺（56m^2）

食堂区域 4500平方英尺（418m^2）

自助餐厅
200座×15=3000平方英尺（279m^2）

厨房
1000平方英尺（93m^2）

储藏间
500平方英尺（46m^2）

管理区域 4750平方英尺（441m^2）

办公区 800平方英尺（74m^2）

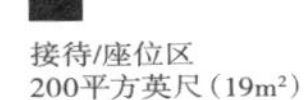
接待/座位区
200平方英尺（19m^2）

复印/补给区
300平方英尺（28m^2）

打印机
2×50=100平方英尺（9m^2）

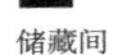
储藏间
200平方英尺（19m^2）

会议室 3000平方英尺（279m^2）

小会议室
6×150=900平方英尺（84m^2）

中会议室
4×300=1200平方英尺（111m^2）

大会议室
2×450=900平方英尺（84m^2）

总计建筑净面积 82800平方英尺（7692m^2）

整体建筑平面效率 60%

总计建筑总面积 138000平方英尺（12821m^2）

可视化工具

有许多计算机应用程序可以用图形表示由电子表格或数据库生成的空间列表，然后可以自动处理成棕色纸形式。此外，有些应用程序可以将空间列表与邻近度、相互关系相关联，用图形来展示建筑的楼层或区域分配面积。

SketchUp是一种可以快速展示方案设计成果的设计应用程序。由于其描述空间的简单性、速度和质量，SketchUp已成为建筑师们最喜欢使用的设计软件。设计人员一开始可能会用棕色纸来表示空间，然后会在SketchUp中按照空间类型搭建三维空间，以此发展设计概念。接下来，设计师会排布这些空间集合来开展初始的建筑设计。设计师可以快速迭代这些模型以探索不同的设计概念。一旦项目团队选定了一个最佳的概念设计，他们就可以使用批准的策划再一次确认需要设计的空间，然后将数据导入更高级的BIM应用程序中进行进一步优化。

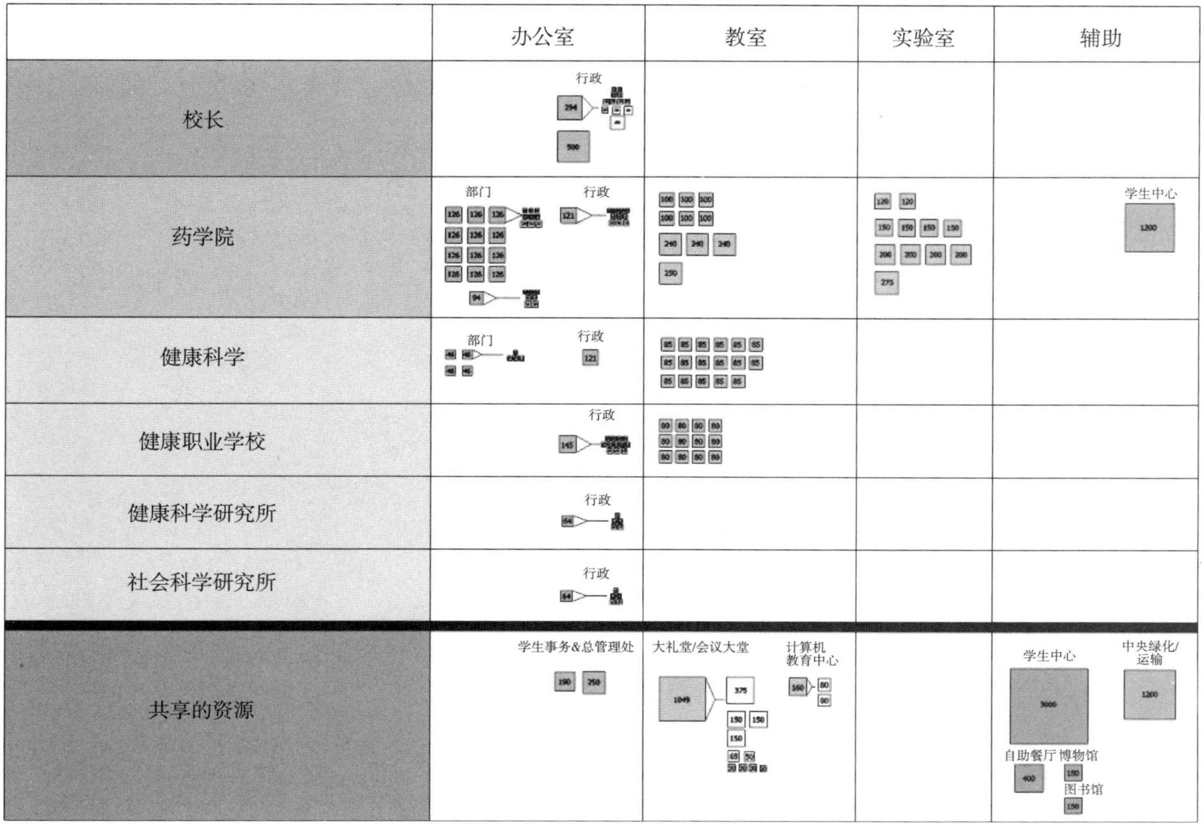

	办公室	教室	实验室	辅助
校长	行政 294 500			
药学院	部门 126 126 126 126 126 126 126 126 126 126 126 126 94 行政 121	100 100 100 100 100 100 240 240 240 250	120 120 150 150 150 150 200 200 200 200 275	学生中心 1200
健康科学	部门 46 46 46 46 行政 121	85 85 85 85 85 85 85 85 85 85 85 85 85 85 85 85 85		
健康职业学校	行政 145	80 80 80 80 80 80 80 80 80 80 80 80		
健康科学研究所	行政 64			
社会科学研究所	行政 64			
共享的资源	学生事务&总管理处 190 250	大礼堂/会议大堂 1049 375 150 150 150 65 50 50 50 50 50 计算机教育中心 160 80 80		学生中心 3000 中央绿化/运输 1200 自助餐厅 400 博物馆 150 图书馆 150

用图表表示空间列表的

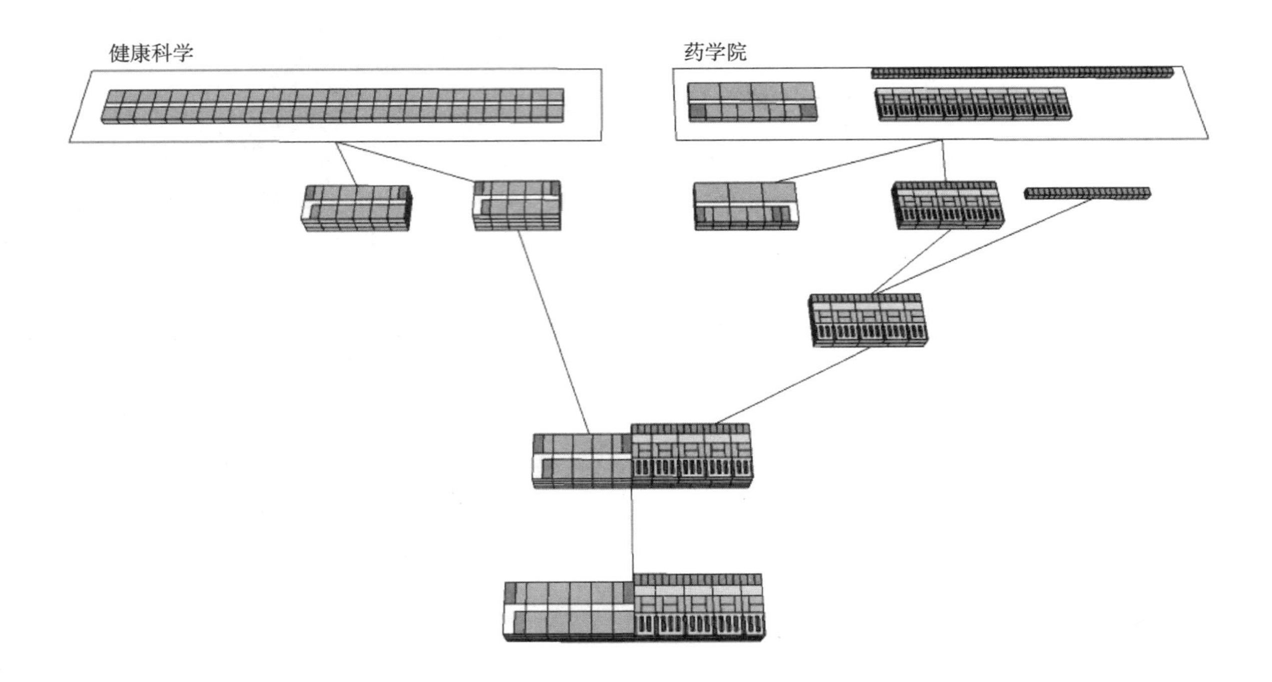

将空间类型组装为三维形式：健康科学；药学院

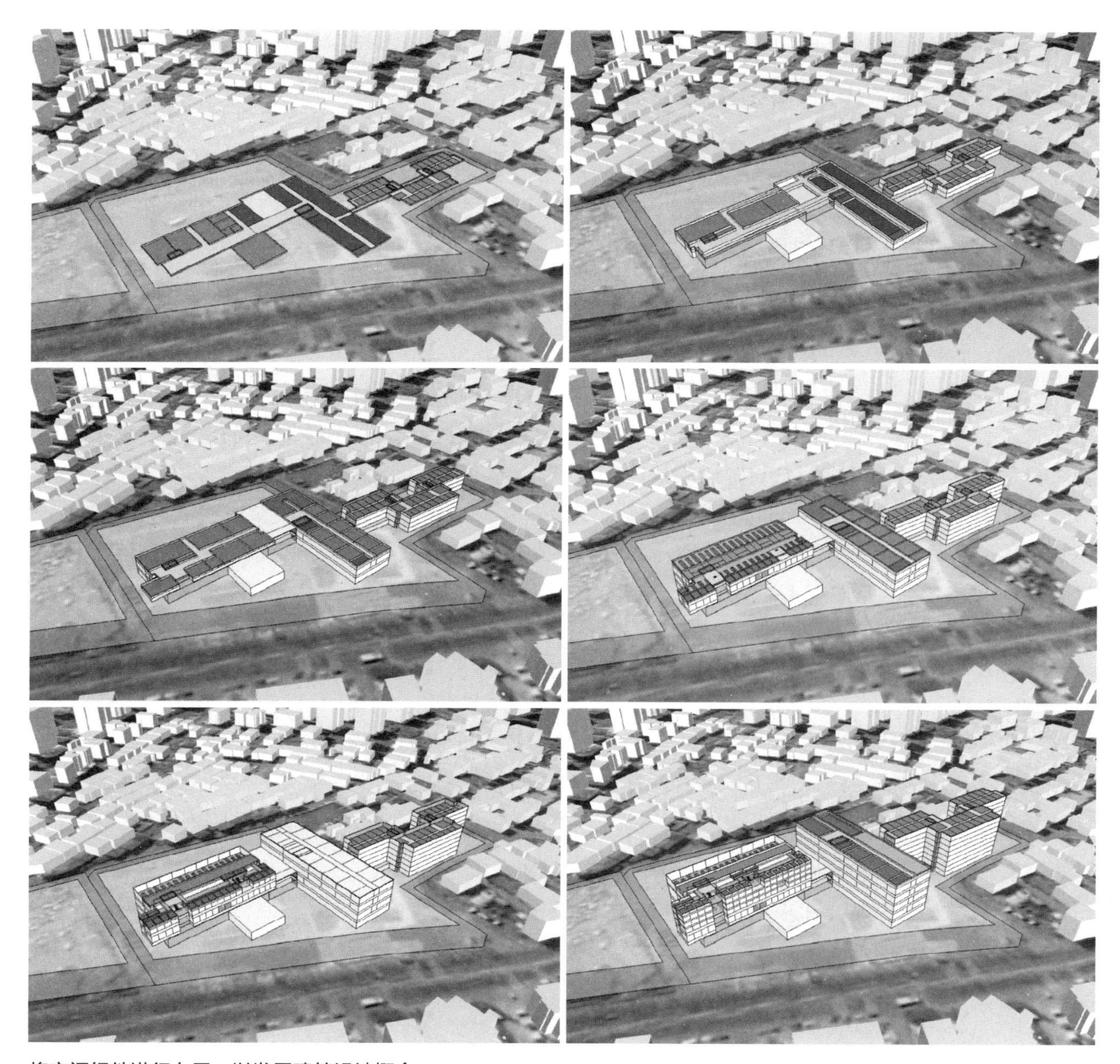

将空间组件进行布局，以发展建筑设计概念

分析卡片和幕墙展示
Analysis Cards and Wall Displays

分析卡片是一种以图形记录信息的方法，用于项目策划阶段展示、讨论、区分以及决策，有时还会丢弃多余的卡片。该图形表达方法也用于方案设计阶段。从这两个阶段中选择的卡片可以成为设计方案的一部分，向业主展示以获得批准。

大小和种类

卡片的大小应与35mm幻灯片的长宽比一致。标准的2×3比例可以制作140mm×210mm的卡片，或其他任何方便的尺寸。卡片的正面应该有几乎看不见的、不是照片的0.5cm见方的蓝色网格。网格有助于绘制示意图、图表和书写文字。不过卡片一定要整洁干净。制作卡片的材料是100磅重的布里斯托尔裱糊纸。

墙面展示

悬挂分析卡片和棕色纸以对项目相关策划信息进行墙面显示。根据五步法原则来组织展示，从目标开始，然后是事实、概念、需求和问题陈述。按子类别给卡片编组比较有利。使用标题卡片来标识每一组卡片的主题。

使用优势

在策划过程中，使用该方法具备以下工作优势：

1．卡片相对较小且易于操作。卡片是被有意设计成较小尺寸的，这样每张卡片上只能容纳一个想法或概念，可以简单而直观地说明问题。这样有利于加强对每张卡片的关注。一张卡片一个想法也便于理解。要想突出一个想法并表述清楚，图形是非常好的方式。足够小的卡片可以避免出现不必要的细节。这有助于小草图更加鲜明。

2．这些卡片使用灵活，可以任意分类、编组和排序。根据目标、事实、概念、需求和问题陈述的过程顺序悬挂和分组，与墙壁展示配合使用以发挥最佳效果。这种直观的展示，加上适当的分类，能使对比更加容易，还能避免重复。

3．在于业主进行讨论的工作会议过程中，卡片是记录信息的理想选择。这些卡片应该和墙面上的其他卡片放在一起。

4．通常，访谈记录和前策划信息产生分析卡片。这些卡片会在工作会议中进行展示和验证。这是一个反馈和前馈的过程。例如："大体上，你说的是否是这些?"和"好，我们会在合适的时间将这些信息转达给设计师。"

5．分析卡片的墙面显示可以轻松检验目标、事实和概念之间的相互关系，这些关系产生了需求，并最终得出问题陈述。

6．事实上，分析卡片的墙面显示反映了项目策划在各个时间点的进展。当委员会审查这些卡片时，他们可以对其进行评论，增加或减少相应的卡片。

7．分析卡片的墙面展示应该一目了然，能快速明了地展示项目的本质（平均展示数量150张）。太多卡片可能意味着需要重新评估，推迟做决策或删除某些信息。

8．分析卡片的展示墙面应该向所有业主团队的新成员介绍，并最终向设计团队介绍。口头陈述可以解释卡片的编码原则，通过简短的图形信息表达有力的内容。

9．由于卡片是按照35mm幻灯片的比例制作的，因此可以将它们转化为投影形式向更大范围的人群汇报展示。或者，可以使用实物投影仪一张一张地进行演示。也可以将卡片扫描成数字格式，然后使用计算机和电子投影仪进行展示。

10．可以将2～3张卡片复印在216mm×280mm（8.5英寸×11英寸）的普通纸上。将这些卡片复印件根据策划步骤分组，作为备份数据放在附录中。通过这种简单的形式，这些策划材料可以存储起来以供将来参考。如果采用更明晰的格式，包括对原始口头解释的标注等，策划材料可以作为报告提交给业主并请求正式批准——也可以供团队成员在项目的后期阶段使用。

方案设计团队不需要阅读这份报告。他们将使用原始的分析卡片墙面显示。实际工作中的设计团队除了快速浏览这些信息外还务必对其进行调查和确认。

策划材料的复杂程度取决于业主需要批准的事项数量，以及合同中的具体要求。

如何制作分析卡片

制作一张好的分析卡片需要两个相关的活动：思考和绘画。人们需要通过手来思考。绘画的技巧能够使人的思维更加准确、清晰并表达出来。

展示一座社区大学里新科技大楼的设计概念的分析卡片

制作好的分析卡片有以下8个要点：

1. 全面考虑你的信息

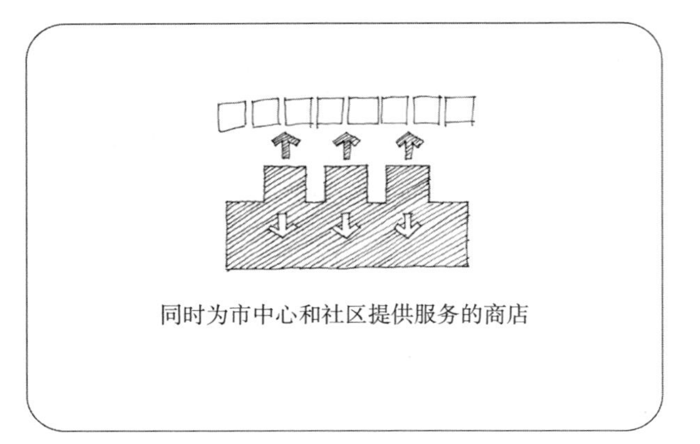

同时为市中心和社区提供服务的商店

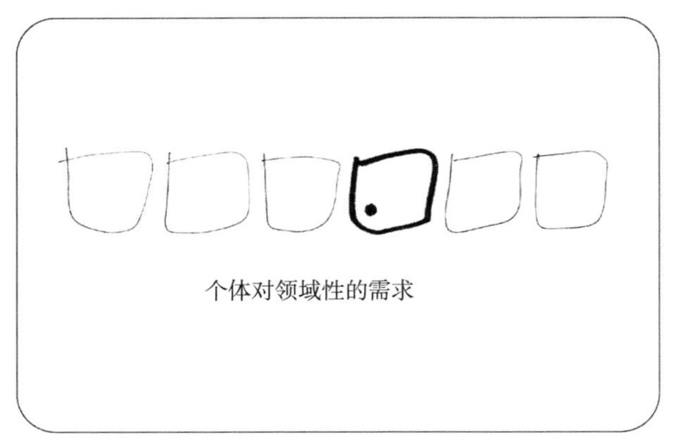

个体对领域性的需求

- 像发电报那样处理信息。思考哪些是必须说的，把它浓缩为一个想法。
- 用最少的图形元素画出来。
- 用最少的文字写下来。
- 只在需要强调或编码时使用颜色。

注意：示意图比实际卡片尺寸缩小了40%。

2. 使用直观图形

- 使用图表、符号、图表和草图来帮助表达。
- 直观图形比文字说明的印象更持久。
- 将卡片按组分类，并为每组卡片添加标题。
- 流程图比文字说明更容易理解。
- 为了清晰起见，图像应该简单明了，但也要足够抽象以唤起各种可能性。
- 赋予图形一定的比例来反映数字（面积）的大小和概念的含义。
- 避免不必要的细节。

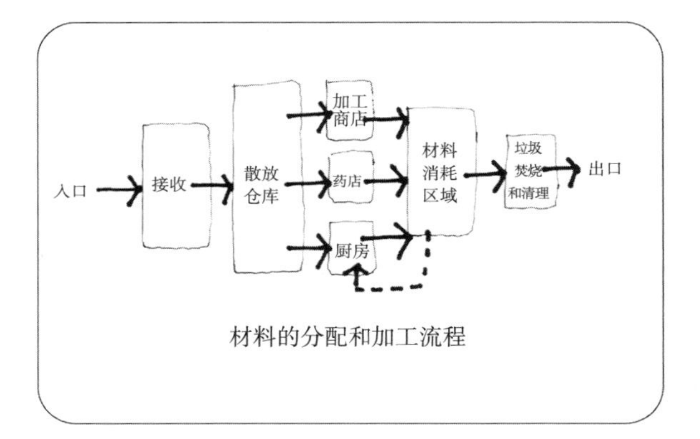

材料的分配和加工流程

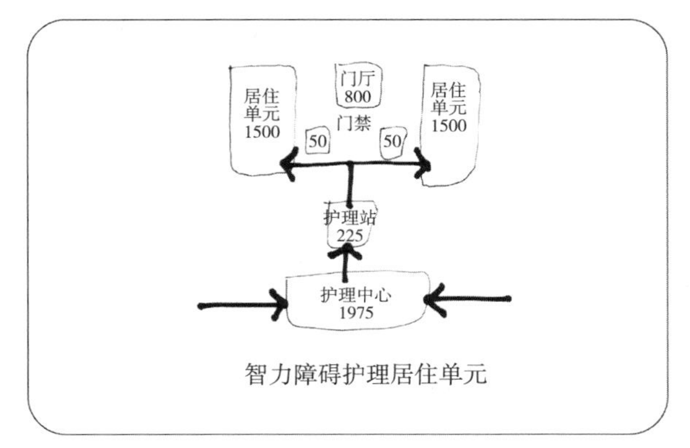

智力障碍护理居住单元

3．使用最少的文字

- 对图画进行适当标注。
- 用短句加强图画效果。
- 用最少的文字说明要点。长句子会在卡片上留下难以阅读的小字。
- 请记住：有时，最重要的信息就是一个数字。

4．力求清晰易读

- 合适的线宽和字高使文字便于理解。
- 使用9磅（3mm）或更大的字。
- 使用粗细不同的笔书写。
- 实物投影仪或幻灯机难以辨认书写潦草的字迹。
- 传统打字稿上的字母通常太小而且太细。

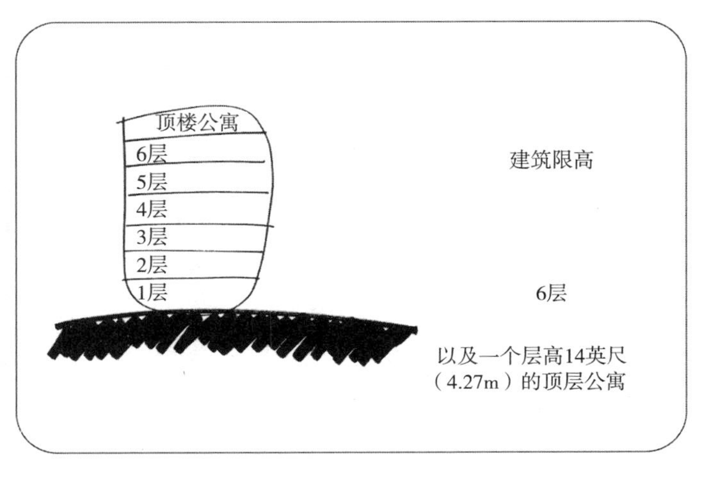

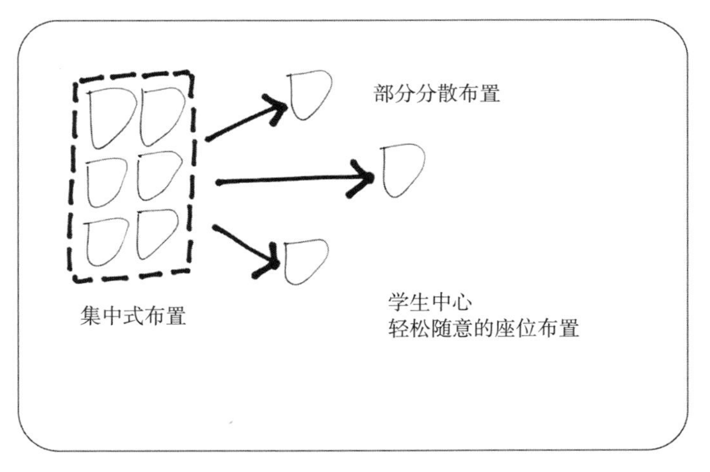

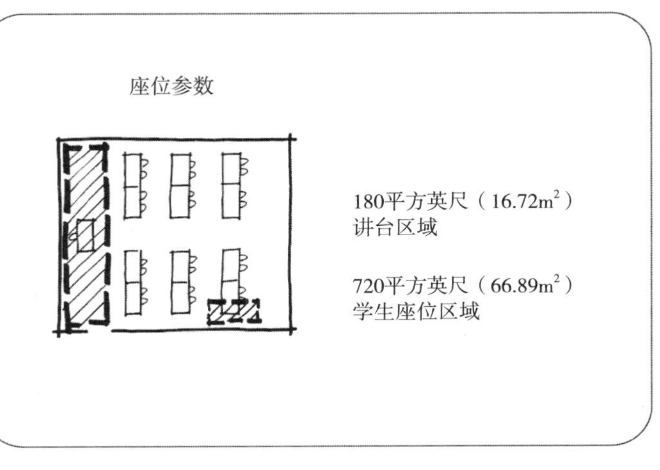

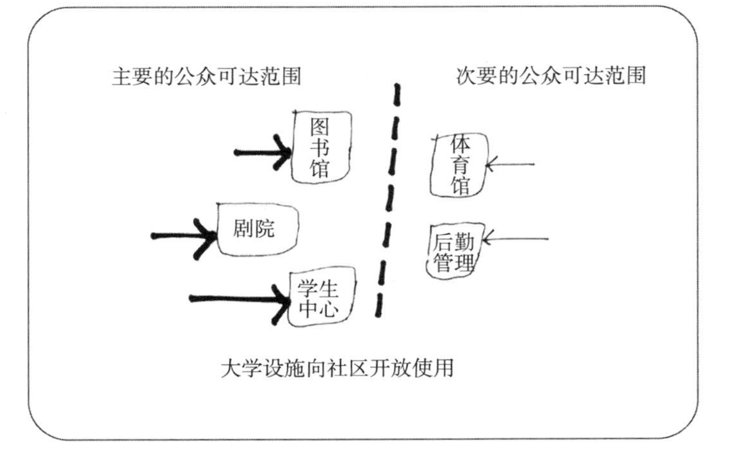

5. 为展示而设计

- 分析卡片和书籍插图之间的区别在于观看的距离。
- 设计便于进行墙面展示的分析卡片。
- 好的分析卡片有一定的外观。不好的分析卡片通常太粗、太挤或者太细、太空。
- 如果太满，分析卡片的效果一定不好。
- 两个示意图对于墙面展示来说太浅谈了，但它们可以算是出色的书籍插图。

6. 制作不同完成度的卡片

- “思考”卡片是任何人拥有信息，需要思考时快速完成。
- 精心绘制“工作”卡片以明晰思路。
- “演示”卡片的绘制应该更加仔细，准确度更高。这类卡片应指派专人制作以保持一致性。
- 所有卡片都是过程文件，因此卡片的样式应该是非正式的、宽松的（与最终文件相反）。

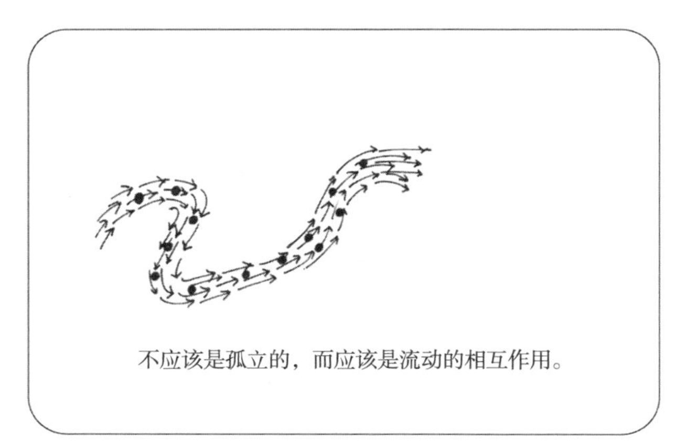

不应该是孤立的，而应该是流动的相互作用。

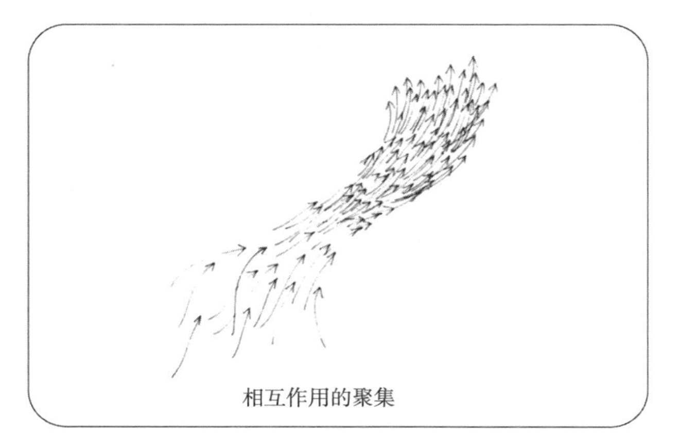

相互作用的聚集

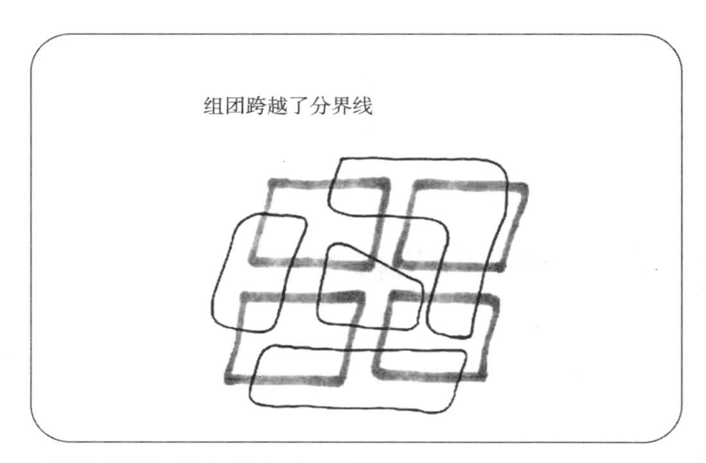

组团跨越了分界线

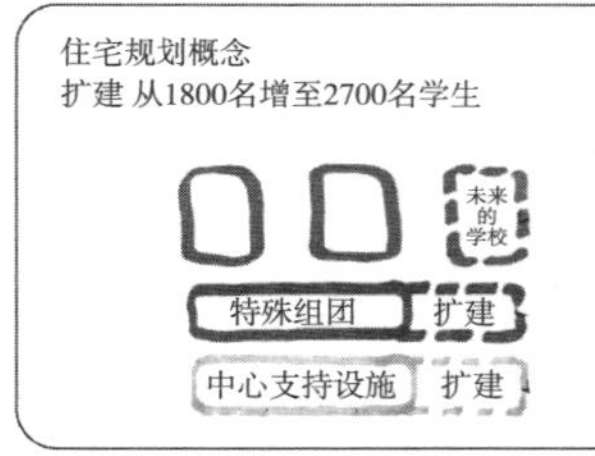

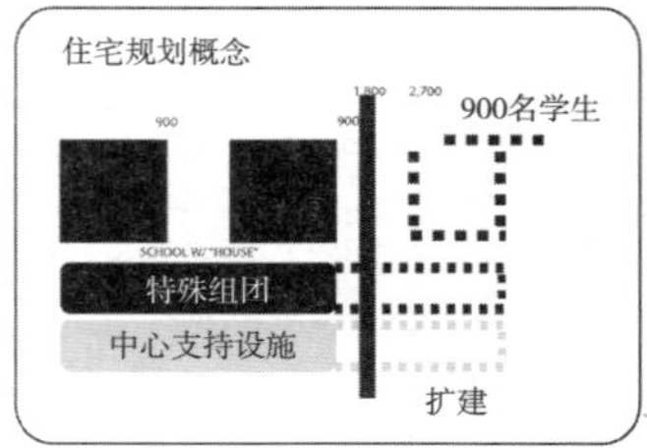

7. 鼓励卡片制作

- 鼓励团队中的每个人制作初始的分析卡片。
- 克服畏难情绪，不要受“演示”卡片高标准的限制。
- 鼓励“思考”卡片的制作。
- 把记录放在第一位。
- 过后再评估并决定哪些卡片需要重新绘制。
- 图中两张卡片记录的信息太多。这些卡片需要重新绘制和简化。这些信息可能需要制作6张单独的卡片——每张卡片一个想法。

8. 提前准备“常规”卡片

- 准备两打卡片，事先将场地平面图印刷在分析卡片上。在其他卡片上记录需要单独思考的场地信息。
- 在事先印好表格的卡片上记录气候数据。这就属于“常规”信息。
- 这些信息即使在方案设计阶段未被使用，在之后的阶段也可能会用上。时间总是过得很快。一旦这些信息被用上，即使只是一个形式参考，项目也将受益匪浅。

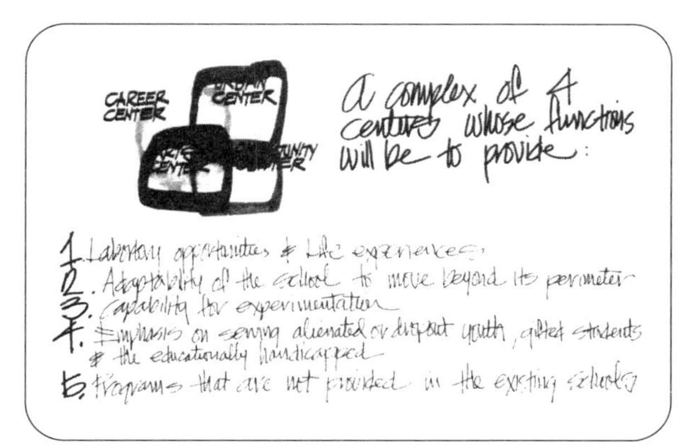

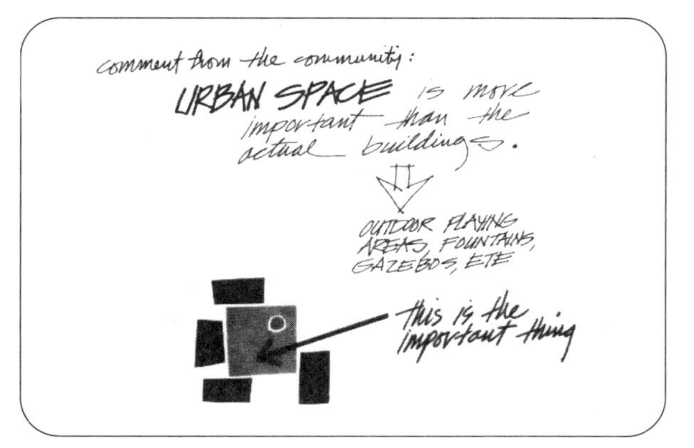

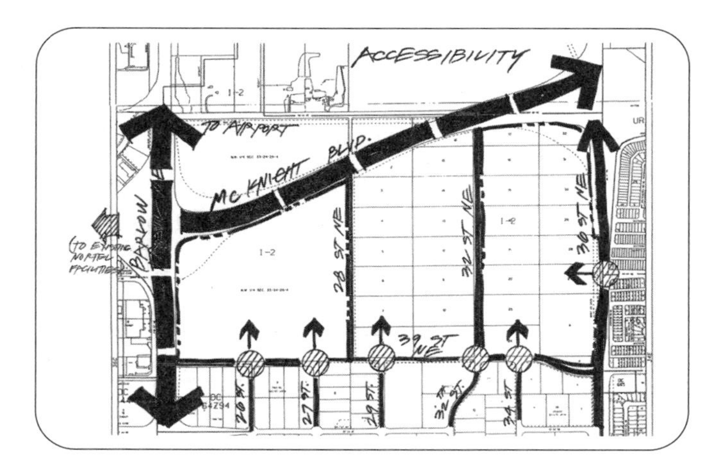

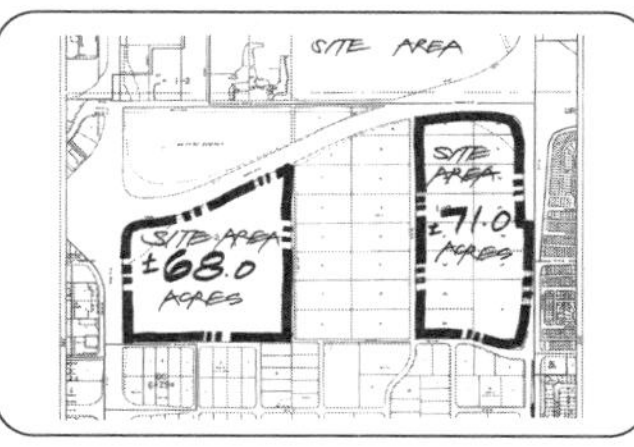

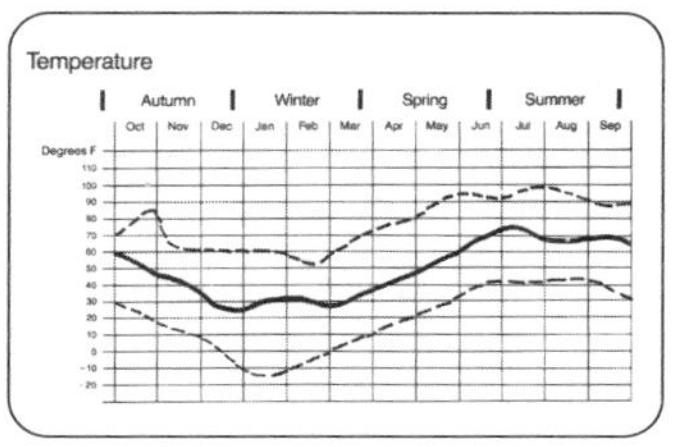

电子白板和电子活动挂图
Electronic White Boards and Flip Charts

电子活动挂图系统可以提供真正的实时协作体验，是虚拟会议和现实工作会议的理想选择。与电子分析卡片一样，该技术以图表形式记录信息以供展示和讨论。此外，上一节提到的用于制作成功的分析卡片的建议也适用于此技术。电子活动挂图，如Thunder客户端，由一个编辑图表挂纸的视图和一块展示电子图表的显示屏组成。显示屏的数量因情况不同，但一般有2~4个，具体数量取决于房间大小和展示技术。远程用户可以通过下载软件加入虚拟会议并操作虚拟活动挂图。

从远程位置主持会议时，建议至少有两位与会者将他们的笔记本电脑连接到会议系统，以便共享文档。这两台计算机必须使用相同的系统软件。此外，还需确定哪个投屏设备为“主投屏设备”，通常是会议主持人所在的投屏设备。保存会议时，会议内容将被保存到主投屏设备的服务器中。

新建一个会议

如果投屏设备和投影仪均处于睡眠模式，只需点击投屏设备屏幕即可重新激活系统。单击“文件”选项，然后选择“另存为”。输入会议的名称（建议命名时还要加上日期）。

在工作时定期保存会议内容（与其他任何工作文档

电子白板主投屏界面

一样）。因为该系统依赖于网络连接，而网络有可能掉线。如果在工作时没有保存会议记录，可能导致信息的丢失。因此，请记得随时保存。

基本操作

当一个工具选项或者图标显示黄色高亮时，表示它已被选中。

钢笔工具：使用此工具时可用触控笔在幻灯片上书写。选项包括三种不同的线宽，多种颜色的字体、高亮和修正。

橡皮擦工具：此功能会删除所有的笔迹。这是删除触控笔注释最快的方法。如果您只需要擦除字母或符号的一小部分，请使用钢笔工具的修正功能。

光标工具：此工具可以用来选择页面上的图像。您可以在文本周围拖拽出一个框以高亮单词（高亮框四个角上出现的黄色小框选项可用于放大或缩小）。此工具

图片由美国HOK公司提供

还可用于选择图像并将其拖拽到其他页面或某个输出端（例如打印机、回收站或电子邮件等）。

撤销：单击此选项可撤销最近的20个操作。

文件夹：此选项类似于大多数应用程序中的“文件”选项。其子选项包括“新建”“打开”“保存”“另存为”“关闭”“打印”等。在这里您还可以选择要添加到页面的“版式”；而“关于”选项将提供设备视图的IP地址。

齿轮：齿轮选项为会议提供保护属性。“只读”选项意味着只有主支架才能控制会话；虚拟参会者无法修改活动挂图页面。“密码”选型包含有该支架的密码。“隐私”选项可以阻止那些拥有视图密码的人加入您的会议。

放大或缩小：该功能可以调节页面上所选图像的大小。

帮助：此功能可以打开帮助窗口，您可以在这里找到许多不同问题的答案（“帮助”选项除了有视觉显示外，还可以进行音频播放）。

旋转视图：此选项的图标位于右上角。选择它会将支架布局从纵视图旋转到横视图，反之亦然。

输入信号

如果要将输入信号带入会议，请选择合适的图标并将其从工具栏拖动到空白页面上。

扫描：将图片或图像放在扫描仪上，然后将扫描仪图标拖动到空白页面上。无需按扫描仪上的任何按钮，它就会自动启动。

Thunder工具栏

活动页面：活动页面边框会用黑色加粗

系统托盘：加阴影区域表示此页面正在液晶显示屏上投影

横版/竖版：可以在两种模式之间切换，采用竖版模式可以在显示器上同时显示2个页面

添加页面：点击“+”图标可以添加页面

选择图标：
- 单击“钢笔”选项可以绘画
- 单击“橡皮擦”选项可以删除图画
- 单击“箭头”选项可以选择和编辑图画

撤销更改：单击该黑色箭头选项可以撤销（最多20次操作）

移动页面：将页面拖动到新的位置

删除：将笔记、页面或与会者头像拖拽到回收站

注意：为了远程参加会议，打开THUNDER客户端并用视图名字登录，非HOK员工可以在www.polyvision.com下载客户端

内容共享

实物投影机：将内容放在照相机下方，将这个胶卷图标拖动到页面上

打印至THUNDER：打开你想共享的文件，在打印命令栏中，选择THUNDER作为打印机

桌面共享：将该头肩图表拖动到页面上，要将THUNDER操作页面最小化以防止“镜厅效应”

隐私设置

所有与会者进入系统后，单击“齿轮”选项并把会议设置成“私密”模式

保存会议

保存到USB：将USB驱动器插入桌面电缆柜的USB端口，单击USB图标即可另存为PDF格式

电子邮件会议：单击电子邮件图标，用无线键盘输入收件人地址然后点击“发送”

结束会议

1. 点击“文件”选项并选择“关闭对话”
2. 点击“齿轮”选项并选择“结束会议”
3. 在手机上点击“THUNDER”功能键。然后点击“全部关闭”

使用THUNDER应用程序进行虚拟工作会议的工具栏和说明

可视化工具：拖入看起来像胶片卷轴的图标（您可能需要通过遥控器打开可视化工具）。使用遥控器可以放大、缩小和调整图像的焦点。可视化工具是实时图像，因此非常适合在会议期间共享大幅图纸和模型。

参会者计算机：您还可以拖入远程参会者的头像以共享图像。当您将其头像图标拖到空白页面上时，该人的计算机桌面将出现在页面上。此图像是实时的，因此暂停图像非常重要（点击左上角）。如果您没有暂停图像，当该参会者的系统桌面发生变化时（例如翻到演示文稿的下一张幻灯片或打开了一个新的文件等），Thunder系统上的图像也会跟着变化。

使用笔记本电脑共享图像时要经常记得暂停图像。当计算机屏幕处于活动状态（未暂停）时，在图像上书写可能会变得更困难。确保在开始书写之前暂停图像，这样可以确保当参会者计算机上的图像发生变化时，主视图系统上的图像不会改变。

视图对视图：您也可以在Thunder会议期间连接到另一个视图。单击带加号的视图图标，会弹出一个窗口，单击确定或是。系统将提示您保存会议（如果您不想保存，请单击“取消”）。在下一个弹出窗口中，输入您要连接的视图名称，当前视图的名称和该视图密码。

识别出新连接的主机视图后，其他视图都应连接到主机视图。

输出信号

回收站：使用此选项可从会议中删除页面。选择一个页面并将其拖入回收站。您还可以使用光标工具选择文本或图像，然后将其拖入回收站。

USB：您可以将会议文件保存到USB闪存驱动器。但是文件无法从USB端口上载到Thunder会议系统。

打印机：要从会议中打印单个页面，请将页面拖动到“打印机”图标。系统将弹出一个带有打印机选项的窗口。选择Thunder会议室中的打印机或在本地服务器上的其他打印机。如果要打印整个Thunder会议文件，请单击“文件夹”图标并选择“打印”。

电子邮件：要通过电子邮件发送单个页面，请将页面拖到电子邮件图标；选择其中一个登录到会议系统的用户或直接键入对方的电子邮件地址。如果要通过电子邮件发送整个会议文件，请单击“文件夹”图标，然后选择“打印”。

远程THUNDER会议（图片由美国HOK公司提供）

保护

每个Thunder视图都受密码保护，密码将由IT团队定期更改。您需要输入密码才能从远程计算机登录。

如前文所述，特殊的Thunder会议可以使用一个附加密码（单击“另存为”以输入此密码）。

从远程计算机登录

必须具有最新版本的Thunder 客户端软件和网络连接。接下来，如果要从远程计算机登录，请按照下列步骤操作：

1. 输入要连接的视图名称或其IP地址。

2. 输入您的姓名和首字母（首字母将显示在Thunder视图系统上的头像下方）。

3. 输入视图密码（密码在会议请求邀请中，或者可以询问IT团队）。

4. 确认所有三个输入框中的信息，然后单击“连接”。

附加功能

模板

Thunder系统中包含多个模板。单击“文件夹”图标，然后选择“添加模板”。可以一直滚动到列表底部并选择一个模板。选项包括组织结构图、网格、轴、线等。

Walk-and-Talk

Walk-and-Talk是一种投影工具，可显示计算机屏幕上的内容。对比仅使用笔记本电脑，使用该工具可使远程连接到Thunder会议的用户获得更具协作性的体验。

使用Walk-and-Talk：将一台计算机物理连接到Walk-and-Talk（类似于连接到投影仪）。同样，建议在会议期间至少准备两台笔记本电脑：一台用作直接连接到Walk-and-Talk的投影计算机，另一台用于准备在会议期间共享的文档。两台计算机都必须安装有Thunder客户端软件。

登录到Thunder视图：Walk-and-Talk系统本身无法运行Thunder会议。直接连接到Walk-and-Talk的计算机屏幕上显示的内容将出现在投影屏幕上。

特点：使用遥控器将让您无需坐在电脑旁即可跟踪演示的进度。您可以使用遥控器的钢笔和光标工具选项，以便直接在Walk-and-Talk屏幕上书写（类似于Thunder视图）。

图片由美国HOK公司提供

电子展示 Electronic Presentations

技术拓展了演示者的交流工具。策划者可以使用媒体技术，通过电子连接实现不同类型的交互。

同步，面对面交互意味着演示者和观众处于相同的物理位置并进行实时交互。传统的驻地工作会议对于正在进行的工作来说是首选方式。电子媒体（计算机屏幕的投影）可以在会议期间帮助审阅和分析数据，补充幕墙展示成果，特别适用于需要决策的时候。

同步，虚拟交互意味着演示者和观众实时交互，但可能不在同一物理位置。与不同地点的业主进行交流可以使用远程视频和音频会议；基于互联网的实时电子文档共享以及其他虚拟技术。这些技术可以使位于不同地点的团队快速地共享信息和调动资源，尤其在项目的组织阶段，团队在开完驻地会议后需要完善结论时，这种优势愈加明显。

异步，虚拟交互意味着演示者和观看者不仅在不同的物理位置，而且不是实时交互。一个很好的例子是用互联网来展示信息。演示者创建一个基于网站的演示文稿，并告知目标受众该文稿的存储位置。受众可以方便地访问演示文稿，并在网站的讨论小组中向演示者或其他人反馈评论意见。网页也是实时信息的绝佳信息库，可以通过网页发布收集数据所用的调查问卷，也可以在向决策者和终端使用者传播信息的过程中，发布一些项目启示和建议。

用于绘制好的分析卡片的建议也同样适用于使用计算机应用程序的电子演示设计：

1. 将每张卡片或幻灯片上的信息减少到一条。一张图片胜过千言万语。
2. 使用可视化图像和图表来帮助沟通。
3. 为表达清楚，想法应该简单明了。
4. 在公开发布之前，在大屏幕上预览演示文稿。
5. 选项（如黑白再现性）可能会影响演示文稿的设计。提前打印文档以检查其可读性。
6. 考虑电子传输的文件大小。照片和图表会大大增加文件的大小，而文件越大，传输时间越长。
7. 尽可能使演示文稿更具互动性。
8. 使用标准模板和前后一致的符号。

项目策划报告大纲

扉页

0.0 **前言**

- 目的
- 报告的组织结构
- 参与者

1.0 **执行概要**

2.0 **目标**

- 功能　形式
- 经济　时间

3.0 **事实**

- 数据预测综述（总结）
- 人员需求
- 使用者描述
- 场地分析

城市文脉	从场地内向外的视野或从场地外看向场地景观
汇水区域	地理位置
附近土地利用	场地大小或形态
可达性	地形
步行距离	植物覆盖率
交通流量	可建面积
既有结构	土地升值潜力

- 气候分析
- 分区法规
- 建筑标准调查
- 成本参数

4.0 **概念**

- 组织结构
- 功能关系
- 优先事项
- 运营理念

5.0 **需求**

- 面积需求汇总
  - 以部门分类
  - 以空间类型分类
  - 以项目阶段分类
- 细化的面积需求
- 外部空间需求
- 停车需求
- 土地利用需求
- 预算估算分析
- 项目交付进度安排

6.0 **问题表述**

- 功能　形式
- 经济　时间

7.0 **附录**

- 问题跟踪列表
- 详细统计数据
- 工作量和空间预测方法
- 既有建筑空间详细目录
- 部门评估

策划报告 Programming Reports

通常，业主或出资机构会要求提交一份报告进行正式审批。而报告就是对分析卡片、棕色纸幕墙，以及整个策划文字说明的汇总。这份工作文件可以按照标准的报告大纲格式撰写。如果该报告需要被许多机构审批，且各机构要求深度都不同时，这份报告也可能是一份非常详细的文件。在这种情况下，一种统一的报告格式会使项目策划的评估和审批变得相对容易。

发表完善的文件时，应建立文字处理模板和样式指南，以保证版式的一致性。特别是当多个专业团队编写报告的各个部分时，应协调项目团队和业主之间计算机应用程序的使用。

基于策划步骤的标准报告大纲具有可以轻松囊括各个具体主题的优势，因为这些主题就是根据这些步骤分类的，这些步骤可以成为报告中独立的章节。这样，避免章节之间重复不再是一个问题。通常，问题变成了应该删去什么。可以使用附录提供补充的数据。

附录应包含策划者用于在报告正文中得出结论的庞大的统计数据和详细信息。将详细信息放在附录中有助于提高报告的可读性。

策划报告的主要目的是供业主审阅并获得正式批准。一些业主要求以签名形式对报告进行批准，以确认接受该策划作为设计的基础。报告的前言可能包含以下对于目的的声明：

> 该策划的目的是在解决问题之前阐述对问题的理解。本文件作为决策过程的记录，请求您的同意和批准。

设计师在客户批准策划报告之前不会撰写问题说明。这些说明将作为方案设计的第一步呈交给业主。

应该建立一个文库来存储和保留策划报告和幕墙展示材料。文档库是对具体建筑类型进行背景研究的重要资源。对每份策划报告的比较分析将为反复确定业主的目标和概念提供基础。此外，对事实和需求的比较分析可以揭示规范空间尺度参数的设计导则，确定功能满意度的范围，对预算估算进行合理分配。使用索引工具和编码的文件检索系统可以确保您方便地查找文档。对于电子文档来说，请设定文件命名规则，并建立用于存储文件的标准目录结构并按照标准目录结构来存储它们。

策划预评价 Program Evaluation

什么是质量评估?

它是对整套项目策划成果（产品，而不是过程）的卓越程度的评估。

对产品的评估应用功能、形式、经济和时间来衡量。项目策划过程的真正价值也会在产品质量中体现。

为什么我们需要对质量进行量化?

大多数人喜欢对事物进行量化。我们经常问这样的问题："它能得多少分?"和"你达到第几级了?"如"分数"这样的一个标记，是一种迅速了解情况的好方法。出于这个原因，我们需要对质量进行量化——打一个"分数"。

我们也知道不应该对质量进行量化的所有原因——分数是主观的，它是基于对每个人不同的价值判断，它不具有科学的准确性，等等。然而，每个人，尤其是使用者，都会评判我们的建筑——我们服务的最终产品。这就是为什么我们要对自己的中期产品进行评估。所以我们也必须对质量进行量化。

在整个项目过程中，我们需要检查其质量，看看我们是否可以在"下一步"中对项目进行改进。在项目完工后，我们需要知道自己做得怎么样，需要确定是否达到预期的质量目标，以及我们是否可以在"下一个"项目有所改进。

我们需要在整个设计过程的每个阶段对项目进行评估——从策划阶段开始。对于我们目前谈论的话题来说，评估完工的建筑又是另一个问题——需要一套不同的问题集。

我们如何对质量进行量化?

有很多方法。这里只是其中的一种方法，它包括三个因素：

1. 使用问题集作为评估标准。

2. 在整个问题的基础上进行评分——而不仅仅是功能。

3. 得出一个名为"质量商"的单一数值，它从功能、形式、经济和时间四个方面进行评价，并求出四项得分的平均数。

价值是如何被测量的?

整个问题涉及功能、形式、经济和时间四个因素的平衡——这四个因素决定着每一件产品。然而，每个因素的重要性与这四种因素的平衡同样重要。

每个因素的重要性可以根据经验通过以下价值测量标度确定：

完全失败	1
极其糟糕	2
远不能接受	3
差	4
可接受	5
好	6
非常好	7
优秀	8
优异	9
完美	10

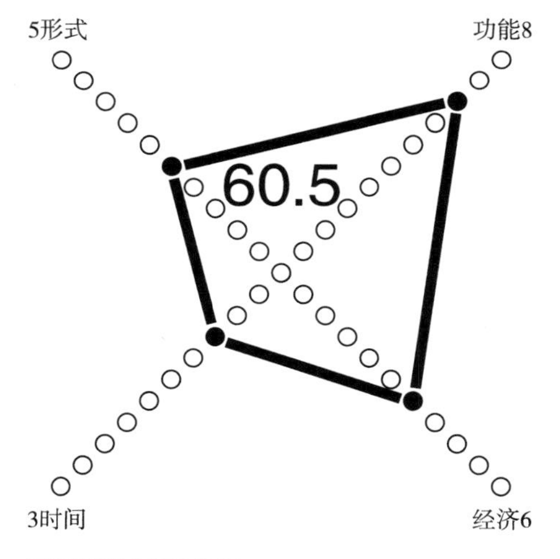

质量商的图表分析

为了帮助确定四种因素中每种因素的准确价值，我们设计了一套问题集。通过使用相同的价值测量标度，对四项内容中的每个问题进行打分，这样更容易确定每个类别的最终得分。每个类别的最终得分不一定得是每个问题得分的平均值，但平均值有助于我们理解最终得分是如何确定的。四个因素的最终得分形成的四边形的面积就是质量商。例如，图中表示一个由以下值形成的四边形：功能，8；形式，5；经济，6；时间，3。我们可以假设这些值代表每个类别中五个问题得分的平均值。四边形的面积可以通过以下公式确定：

面积=0.5×（功能值+时间值）×（形式值+经济值）
=0.5×（8+3）×（5+6）=60.5

质量商

问题集

下面两套问题集之间的唯一区别是格式不同。完整语句问题集适用于缺乏评估经验的人。在多次使用之后，可以改为使用关键词问题集——一种使用提示词的缩略形式。例如："组织概念意味着大的功能理念"和"功能目标和关系意味着方便高效的运营"。

评估项目策划的完整语句问题集

功能

A. 我们对业主组织架构的概念有多大程度的了解?

B. 业主要求的功能关系和目标是否有完整的记录?

C. 在区分重要的形式特征和一般细节处理时我们有多少鉴赏力?

D. 根据统计预测、业主需求和建筑效率，业主提出的空间需求在多大程度上是现实可行的?

E. 我们能否很好地确定使用者的特征和需求?

形式

F. 业主对于形式的目标在多大程度上清楚地表达了?

G. 业主和设计团队就建筑质量，即每平方米建设成本的问题，在多大程度上达成了一致?

H. 在多大程度上充分地分析和记录了场地和气候数据?

I. 在多大程度上分析了周围社区的社会、历史和美学因素对项目的影响?

J. 我们对项目在环境心理学层面有多少构思?

经济

K. 客户的经济目标和预算限制在多大程度上得到了明确?

L. 考虑融资、规划和建设的方法，我们对当地开发成本数据有多少了解?

M. 考虑维护和运营的成本，我们对气候和活动因素有多少了解?

N. 成本估算分析的全面性和现实操作性如何?

O. 我们对项目的经济概念有多大程度的了解?

时间

P. 该项目在多大程度上考虑了历史保护和文化价值?

Q. 主要活动在多大程度上被确定为静态的或动态的?

R. 该策划在多大程度上预测了变化和增长带来的影响?

S. 时间因素在多大程度上会提高成本并决定项目分期?

T. 整个项目交付的时间进度表在多大程度上是现实可行的?

评估项目策划的关键词问题集

功能

A．组织概念（大的功能理念）

B．功能层面的目标和各功能之间的关系（方便高效的运作）

C．形式特征与一般细节（避免信息堵塞）

D．现实可行的空间需求（统计预测、业主需求、建筑效率）

E．使用者的特征和需求（身体的、社交的、情感的、心理的）

经济

K．经济目标（预算限制）

L．当地开发成本数据（当地指数，劳动力市场）

M．维护或运营成本（气候和活动因素）

N．成本估算分析（平衡的初始预算）

O．经济概念（多功能，最大效果）

形式

F．客户的形式目标（态度、政策、偏见、禁忌）

G．质量上达成一致（质量对空间，质量即每平方米的成本）

H．场地和气候数据（自然规律和法律层面的分析）

I．周边社区（社会的、历史的，以及美学的影响）

J．环境心理（秩序、统一、多样、方向、规模）

时间

P．历史保护和文化价值（评估重要性和延续性）

Q．静态的或动态的活动（固定和定制的空间或灵活的可变空间）

R．预期的变化和增长（时间的影响）

S．成本攀升或项目分期（时间对成本和施工的影响）

T．项目进度表（现实可行的交付）

建筑评估 Building Evaluation

建筑评估与建筑策划不同。前者是对设计的反馈；后者则是对设计的前馈。需要两者共同作用才能提高设计产品的质量。

建筑评估需要一个评估团队来进行系统性的评价。目标有如下两个方面：

1. 准确地发现、观察并报告项目原始意图的既有条件和变化。

2. 调整策划因素和设计准则；推荐矫正的措施；陈述建筑策划、建筑设计、建筑施工和建筑运营管理中得到的经验教训。

建筑评估最常见的应用是在建筑投入使用后对它的性能进行评估，即使用后评估（Postoccupancy evaluation，简称POE）。接着评估团队可以考虑建筑使用者的反应。解决完调整的问题之后，对建筑的新鲜感也逐渐消失，第一次主要的性能评估应该在投入使用后6个月到2年之间进行。

五步法和四项考虑因素

评估方法有很多，每种方法都适用于特定的条件。有些方法严谨，力求客观性；另一些方法则必须给出权宜的解答，也更具主观性。下面介绍的方法是实用的——不仅全面，对实践来说又足够简化。

这个方法的实施过程包含五个步骤：

1. 设定目标。
2. 收集和分析定量信息。
3. 发现和检验定性信息。
4. 进行评估。
5. 陈述经验教训。

该过程具有足够的普适性，可以适用于多种类型的建筑。而内容会使评估具体化。为了评估建筑性能，要重点解决四个主要的问题：

功能。

形式。

经济。

时间。

与策划一样，建筑评估需要有组织的调查，内容要全面。评估（反馈）的组织和策划（前馈）中使用的框架是一致的。组织、内容和格式上的相似性增加了结果的有效性。

1. 目标

所有参与者都应该清楚地了解进行评估的原因。尽管进行使用后评估的原因有几个，但在启动会议上应该是以下这几点。

一项评估可能会为许多目标服务：

- 证明行动和支出是合理的。
- 估量设计质量（与设计要求一致）。
- 对建筑进行微调。
- 对重复的策划进行调整。
- 研究人、环境、关系。
- 检测新概念的应用效果。

2. 定量描述

第二步，准备定量描述，包括按照设计方案收集建筑物的实际数据，例如楼层平面图。分析这些参数化数据将为与类似建筑的对比提供基础。

功能满足度：衡量建筑主要容量单位的面积的量度。例如大礼堂中每个座位的总面积。

空间满足度：建筑的总面积是净可分配面积和不可分配面积的总和。用净可分配面积与总建筑面积之比来衡量楼层平面布局的效率。

施工质量：单位面积成本与建筑的施工质量水平相关，计算时是以建设成本除总面积得到的。

技术满足度：和固定的特殊设备的成本有关，例如大礼堂中的舞台设备。计算时是以设备成本占建设成本的百分比来衡量，但有时也可能用单位设备成本表示。

能源绩效：通过计算建筑标准运营时每平方英尺消耗的能量来确定。

使用者满意度：通过某种记录形式获取使用者对建筑的满意度。

3. 定性描述

定性描述包括检验客户对该建筑的既定目标、实现这些目标的策划和设计概念，以及要解决的设计问题的陈述。此步骤还包括确定建筑自使用以来发生的变化，以及当前使用者和所有者面临的问题。

目标：表达了业主提出的意图。有时业主表达了极宏伟的愿景，但最终不可能完全实现。

概念：是实现目标的想法。策划概念表达抽象关系和功能安排。设计概念是在同一主题下解决问题的实际措施。

问题陈述：代表对项目关键条件的认知，以及设计工作的方向。

变化：是自使用以后，新要求或不足的指示。变化是为缓解不良状况而采取的行动。

问题：是尚未解决的以及有争议的决策。这些问题可能由建筑的使用者或所有者提出，也可能由评估团队提出。

4. 评估

评估需要评估团队对相关信息做出解释和判断。该团队应该表达不同的观点，并具有一套独特的经验，专业知识甚至是偏见。这些多样的判断汇聚起来将产生更客观的评价。

评估团队可能包含以下人员：

所有者。

物业经理。

使用者代表。

项目策划者。

设计师。

项目经理。

评估标准是一套能反映重要数值的标准问题。评估团队在做出判断之前应该审阅该问题集，以（确保每个成员都）理解这一标准的含义。每位评估者应对建筑的满意度形成一个主观的判断。参见第217页。

一个综合全面的评估涉及项目所有决定因素的平衡，用质量商（QQ）表示。有关产生该商数的公式，参见第217页。

质量是一种价值判断，随每个人而变化，是主观的。尽管如此，量化还是有用的。

首先，评级提供了一种机制，用于发现不同评估者对建筑的感知差异。评估团队讨论这些差异时，可以获得更好的理解。

其次，评级提供了一种明确的模式，反映了部分是如何对整个评估起作用的。评估者比较这些模式并进行讨论时，可以更清楚地了解项目的优点和缺点。

5. 经验总结

经验总结是关于优点或缺点的结论。一份评估很少会有超过12个以上的说明。至少4条说明就涵盖每个主要的考虑因素：功能、形式、经济和时间。对于训练有素的评估团队来说，评估流程可以在1周内完成。然而，一个典型的建筑评估可能要持续4周的时间。精心设计使用者满意度调查还可能延长评估准备阶段的时间。撰写复杂精细的报告可能会延长文档编制阶段的时间。附表列出了评估中的典型活动。

功能

在评估功能表现时，请参考项目策划的初始目标和概念。初始策划材料能迅速反映出客户做出的影响设计的重要决策。

形式

评估必须包括美学标准，以判定建筑实体设计的卓越性。由于美学标准在不断变化，因此这是评估中最困难的部分。

经济

重要的是要考虑原始项目策划时制定的建筑质量水平——与原始预算相一致的质量等级。如果原始预算只允许不超过经济水平，那么想要获得高质量的建筑是不现实的。

时间

因为在策划和正式使用之间可能间隔两、三年，第一批使用者与最初参与项目策划的人可能不同。因此，相当一部分使用者的满意度取决于周期性的室内设计，或建筑基本结构内功能分区和公共服务设施变化的程度。

典型评估活动

1. 启动

• 确定评估目的。

• 确认背景数据的要求。

2. 准备

- 研究背景资料。
- 在分析卡片上准备量化和质化的描述。

3. 巡视

- 对建筑进行直观检查。
- 有可能的话，随机与使用者进行访谈，收集用户对建筑性能的感受。

4. 讨论

- 在巡视后对观察结果进行讨论。

5. 评估

- 通过打分来判断建筑的成功之处。
- 在专门的图表上记录评估等级，该图标将说明每项评估的模式。

6. 总结

- 回顾审查墙面展示。
- 准备一份经验教训的陈述。

7. 展示

- 使用分析卡片，展示结论

8. 记录

- 团队负责人通过复印分析卡片准备一份报告

功能

A．对主要任务的回应（预期的主要功能）

B．整体组织理念（重要的功能层面的理念）

C．有效的空间布局（功能层面的活动和关系）

D．人或物精彩的、高效的流线（流线、方向和运动体验）

E．合适数量的空间（策划的和未策划的）

F．对使用者生理需求的回应（舒适、安全、便捷和隐私）

G．对使用者社会需求的回应（健康、互动和归属感）

形式

H．设计的创意和卓越（想象力、创新性和独创性）

I．整体形式强有力的、清晰的表达（可塑性、流畅性和简洁的形式）

J．对场地自然条件的回应（符合自然规律的、历史的和美学的）

K．心理健康的环境（秩序性、统一性、多样性、色彩和尺度）

L．系统的集成或外露（结构的、机械设备的和电力的）

M．节点的卓越设计（地面、空中和细部）

N．一般性质的象征意义（适当的表达和特点）

经济

O．适当的简单性或复杂性（清晰度或模糊度）

P．易于维护和运营（应对气候和活动）

Q．最赚钱的（良好的投资回报）

R．在平衡预算前提下符合实际的解决方案（成本控制）

S．用最小的手段获得最大的效果（优雅和效率）

T．精致、简洁或丰富的装饰（机器美学或装饰主义）

U．节能（能源效率）

时间

V．对当代材料和技术的使用（时代的精神和表达）

W．特定活动的固定空间（主要的静态活动）

X．适应功能变化的可转换空间（动态活动）

Y．为生长做好准备（可扩展性）

Z．随时间推移的生命力和有效性（可持续的质量）

A1．历史和文化价值（重要性、连续性和熟悉度）

A2．先进的材料与技术（新的形式和新的支持工具）

推荐书籍

1959年，我们基于十年的策划实践写了一篇题为《建筑分析》的文章。我们擅长实践，短于理论。认真的学生可能会对以下推荐的策划参考书目感兴趣，它们对问题搜寻法®的发展产生了积极影响。

第一版参考书

Books

Bruner, J. *The Process of Education*. Cambridge, MA: Harvard University Press, 1962.

Haefele, John W. *Creativity and Innovation*. New York: Reinhold Publishing Co., 1962.

Osborn, Alex F. *Applied Imagination Principles and Procedures of Creative Problem Solving*. New York: Scribner's, 1963.

Polya, G. *How to Solve It*. Garden City, NY: Doubleday Anchor, 1957.

Taylor, Irving A. "The Nature of the Creative Process." In *Creativity, An Examination of the Creative Process*, Paul Smith, ed. New York: Hastings House, 1959.

Magazines

Archer, L. Bruce. "Systematic Method for Designers," *Design*, No. 172, April 1963, pp. 46–49.

Peña, William M., and William W. Caudill. "Architectural Analysis—Prelude to Good Design." *Architectural Record*, May 1959, pp. 178–182.

第五版参考书

Cherry, Edith. *Programming for Design: From Theory to Practice*. New York: John Wiley & Sons, 1998.

Clark, Jeffrey E. *Facility Planning: Principles, Technology, Guidelines*. New York: Prentice Hall, 2007.

Duerk, *Donna P. Architectural Programming: Information Management for Design*. New York: Van Nostrand Reinhold, 1993.

Hershberger, Robert. *Architectural Programming and Predesign Manager*. New York: McGraw Hill, 1999.

IFMA and Haworth, Inc. *Alternative Officing Research and Workplace Strategies*. Houston, TX: IFMA, 1995.

Kumlin, Robert R. *Architectural Programming: Creative Techniques for Design Professionals*. New York: McGraw Hill, 1995.

Mendler, Sandra, William Odell, and Mary Ann Lazarus. *The HOK Guidebook to Sustainable Design*, 2nd Ed. Hoboken, NJ: John Wiley & Sons, 2006.

Parshall, Steven A., and Donald Sutherland. *Officing: Bringing Amenity and Intelligence to Knowledge Work*. Tokyo: LibroPort Co., Ltd. 1988.

Waite, Phillip S. *The Non-Architect's Guide to Major Capital Projects: Planning, Designing, and Delivering New Buildings*. Ann Arbor, MI: SCUP, 2005.

White, Edward T. *Site Analysis: Diagramming Information for Architectural Design*. Tallahassee, FL: Architectural Media, 1991.

关于作者

威廉·M. 佩纳，FAIA

《问题搜寻法　建筑策划指导手册》，第五版作者。

1948年从德州农工大学毕业后，威廉·佩纳加入了Caudill Rowlett Scott（CRS）建筑事务所。一年后，他成为该公司的第四位合伙人，并策划了他的第一个建筑项目。

作为一名实践者，威廉·M. 佩纳将建筑策划提升为一门复杂的分析科学，使建筑师和业主都受益匪浅。他为该行业提供了解决设计问题复杂性所需的工具，对客户来说，这些沟通技巧有助于了解他们的需求。

1950年，佩纳策划了他的第一个项目。到1984 年退休时，他已经亲自参与了400多个项目的策划——其中三分之一的项目遍布美国38个州和其他9个国家。在他的职业生涯中，佩纳还举办了策划研讨会，并参加了100多次专业讲座、企业会议和学术研讨。

经过20年的实践，他提出了Problem Seeking®策划程序。1969年，他撰写了第一版的《问题搜寻法》，该著作成为建筑策划课程的标准教材。

《问题搜寻法》第二版于1977年出版，第三版于1987年出版，第四版于2001出版。本书是该著作的第五版。

1972年，美国建筑师协会将佩纳评为资深会员（FAIA），以表彰他在该领域的贡献。2009年，美国建筑师协会休斯顿分会授予佩纳最高荣誉，以表彰其作为建筑策划先驱，毕生在实践、教学与研究中的贡献。

史蒂文·A. 帕歇尔，FAIA

HOK建筑事务所 高级副总裁兼策划总监。

通过30多年的建筑实践努力，帕歇尔扩大了建筑师在建筑策划，以及建成环境研究与评估中的作用——为世界各地的业主提升价值。通过标准培训和出版，他的工作使建筑师能够更好地了解客户的需求，提升专业人士设计前期服务的能力。

帕歇尔是美国建筑师学会资深会员（FAIA）。他获得了伊利诺伊大学的建筑学学士、建筑学硕士和工商管理学硕士学位。

20世纪80年代后期，帕歇尔担任国际设施管理协会科研分会主席。他曾任美国建筑师协会建筑性能咨询委员会主席，曾任德州农工大学CRS设计与建筑行业领导与管理中心董事会成员。此外，他于1998—2001年担任HOK 建筑事务所董事会成员。

帕歇尔曾作为执行主编，与松下电器工程有限公司联合出版了*Officing: Bringing Amenity and Intelligence to Knowledge Work*一书，这本双语著作关注了20世纪典型的工作场所。

关于译者

屈张

同济大学建筑与城市规划学院助理教授，硕士生导师，国家一级注册建筑师。同济大学建筑学学士，清华大学建筑学硕士、博士，导师庄惟敏教授。美国加州大学伯克利分校访问研究员。主要研究方向为建筑策划与使用后评估，发表相关论文10余篇。现为中国建筑学会建筑策划与后评估专业委员会（APPC-ASC）成员。主持国家自然科学基金青年基金项目，并参与建筑策划与后评估教材编写工作。

黄也桐

清华大学建筑学院和都灵理工大学建筑与设计学院联授博士，导师庄惟敏教授、Michele Bonino教授。清华大学建筑学学士、硕士。主要研究方向为建筑策划与使用后评估，城市更新与既有建筑改造，发表多篇相关论文，参与多项国家级基金课题及建筑策划与后评估教材编写工作。

译者后记

2018年2月，建筑策划先驱威廉·M. 佩纳教授于99岁高龄在美国去世。同年5月，本人前往美国德州农工大学建筑学院访问，并缅怀佩纳教授。访问期间，德州农工大学瓦里安·米兰达教授，以及本书的另一位作者史蒂文·A. 帕歇尔先生希望本人将最新一版译成中文。回国后，在中国建筑工业出版社费海玲老师的组织下，本人和黄也桐博士开始进行本书第五版的翻译工作，经过三年多的时间，这本译著终于付梓。

《问题搜寻法》一共修订过五版，并随着建筑策划实践和技术工具发展不断完善。王晓京先生曾翻译过该书的第四版。在第五版中，大幅更新了问题搜寻法的操作程序、技术工具和案例研究，增加了BIM和数据分析等新技术在建筑策划中的应用。

首先感谢清华大学建筑学院庄惟敏教授。本人和黄也桐博士跟随庄老师学习，在硕士和博士阶段对问题搜寻法进行过理论研究和实践应用。我们两人也深感荣幸能够成为本书的译者。包括清华大学、同济大学在内的国内多所高校也将这本书作为建筑策划课程的主要参考教材。后续，我们也将继续参与住房和城乡建设部“十四五”规划教材《建筑策划与后评估》的编写，进一步完善国内建筑策划教学培养方案。

感谢同济大学建筑与城市规划学院李振宇教授、涂慧君教授、刘敏教授在教学和科研中的长期帮助；感谢德州农工大学建筑学院吕志鹏教授、都灵理工大学建筑与设计学院米凯利·博尼诺教授的大力支持。感谢清华大学建筑设计研究院有限公司张维师兄建立的国际合作联系。感谢中国建筑学会建筑策划与后评估专业委员会（APPC-ASC）的各位前辈。感谢中国建筑工业出版社各位编辑老师认真严谨的工作。

感谢国家自然科学基金青年科学基金（No. 51808390）的支持和中国博士后科学基金（2019T120355）特别资助。

屈张

2022年9月